MCP 原理与实战

高效 AI Agent 智能体开发

李艮基　肖灵煊　曹方咏峥◎著

电子工业出版社
Publishing House of Electronics Industry
北京·BEIJING

内 容 简 介

本书系统讲解 MCP 的技术原理与应用实战。首先从 MCP 的基础知识入手，详细讲解 MCP 的起源与发展、核心架构、核心组件（资源、工具、提示模板）、常见的传输方式和安全机制等，并通过与 API、Agent、Function Calling、A2A 协议等的对比，体现其标准化优势。然后以 Node.js 和 Python 双栈为例，手把手教读者搭建 MCP 服务器与 MCP 客户端，演示如何将 MCP 集成到 Claude Desktop、Cursor 等主流 AI 平台中。最后讲解多个实战示例，涵盖开发与代码执行、浏览器的自动化、命令行与 Shell、版本控制、数据库交互、数据分析与可视化、云平台服务集成、通信与协作及娱乐休闲等多个应用场景。本书可帮助读者快速掌握 MCP，实现大模型与业务系统的无缝对接，推动大模型从"知识库"跨越式发展为"智能助手"。

本书既适合 AI 初学者快速入门，也适合资深开发者进阶学习，是掌握下一代 AI 交互技术的重要参考资料。

未经许可，不得以任何方式复制或抄袭本书之部分或全部内容。
版权所有，侵权必究。

图书在版编目（CIP）数据

MCP 原理与实战：高效 AI Agent 智能体开发 / 李艮基等著. -- 北京：电子工业出版社, 2025. 6（2025.8重印）
-- ISBN 978-7-121-50282-8

Ⅰ. TP18

中国国家版本馆 CIP 数据核字第 2025GY9293 号

责任编辑：张国霞
印　　刷：三河市鑫金马印装有限公司
装　　订：三河市鑫金马印装有限公司
出版发行：电子工业出版社
　　　　　北京市海淀区万寿路 173 信箱　邮编 100036
开　　本：720×1000　1/16　印张：14.5　字数：310 千字
版　　次：2025 年 6 月第 1 版
印　　次：2025 年 8 月第 2 次印刷
定　　价：99.00 元

凡所购买电子工业出版社图书有缺损问题，请向购买书店调换。若书店售缺，请与本社发行部联系，联系及邮购电话：(010) 88254888, 88258888。
质量投诉请发邮件至 zlts@phei.com.cn，盗版侵权举报请发邮件至 dbqq@phei.com.cn。
本书咨询联系方式：faq@phei.com.cn。

前言

在短短几年内，生成式 AI 的能力曲线不断攀升，但开发者很快发现——如果不能安全、即时地连接企业专属数据，则再强大的大模型也只能停留在"离线百科"阶段。Anthropic 公司于 2024 年推出的 MCP（Model Context Protocol，模型上下文协议）正是为解决这一痛点而生的：它像一条通用总线，将散落在数据库、SaaS、文件系统、物联网终端乃至区块链中的数据与功能，转化为大模型可读的资源与可执行的工具，再借助统一的提示模板，让所有调用都在可追踪、可审计的沙箱中完成。

大模型虽然擅长"生成"，却受限于静态语料，无法获取企业最新库存、员工休假或日志告警等实时信息。为了弥补这种信息断层，业界先后尝试了浏览器插件、专用 API 与函数调用等功能，但缺乏统一的规范，导致每接入一种工具，就要新增一层"胶水"代码，安全审计也愈发复杂——研究者将这种现象称为"插件碎片化带来的第二次依赖地狱"。

MCP 通过开放的协议整合了零散的方案：无论数据源位于本地还是云端，只要部署了 MCP 服务器，大模型侧的 MCP 客户端就能通过标准输入/输出或流式传输方式与之通信。通路一旦建立，后续迁移至任意支持 MCP 的大模型都无须重写代码。

这样的标准化有以下核心价值。

- 生态共振：Claude Desktop 已原生支持 MCP，允许用户通过简单的配置将桌面文件系统暴露给大模型；Cursor 社区正在推动官方集成 MCP，使代码助手能实时感知项目结构；Copilot Studio 也宣布可以让企业流程机器直接调用 MCP 服务器。

- 安全内建：MCP 服务器可为每个工具都设置读写权限，MCP 客户端通过 OAuth 2.1 授权并记录调用日志。当大模型尝试越权操作时，我们可以即时对其进行拦截。
- 开源扩展性：在 GitHub 上已涌现 Slack、天气、区块链等数百个预置的 MCP 服务器，开发者只需配置凭证，即可让大模型获得新的能力。

本书旨在为开发者、架构师与 AI 产品经理提供以下系统学习路径。

- 追溯 MCP 的技术演进之路，解析其为何被称为"大模型世界的 USB 接口"。
- 详细讲解资源、工具、提示模板与双传输层的实现机制。
- 结合 OAuth 权限、沙箱隔离与审计链路，详细讲解 MCP 的安全机制。
- 以 Python 与 Node.js 双栈为例，从零开始编写天气与邮件服务器，并在 Claude Desktop、Cursor、Copilot Studio 中完成 MCP 客户端接入与链路调试，演示如何在 30 分钟内让大模型读取私有数据、触发真实操作。
- 对比 A2A 协议、多智能体协作等，展望 MCP 在未来的 AI 生态中的地位。

在大模型从"知识库"向"数字同事"演进的过程中，MCP 有望成为连接虚拟世界与现实世界的关键基础设施。本书作者团队衷心希望，本书既能帮助读者理解 MCP 的工作原理，又能帮助读者将 MCP 应用于实际的业务场景中。若读者能借此抢占 AI 时代的"技术高地"，那便是本书价值的最大体现。

目录

第 1 章　MCP 简介 1

　1.1　什么是 MCP 2

　1.2　MCP 的起源与发展 3

　1.3　掌握 MCP 的好处 4

第 2 章　MCP 的工作原理 5

　2.1　核心架构 6

　2.2　核心组件 8

　　2.2.1　资源 9

　　2.2.2　工具 10

　　2.2.3　提示模板 11

　2.3　两种常见的传输方式 13

　　2.3.1　标准输入/输出 13

　　2.3.2　流式传输 14

　2.4　安全机制 14

　　2.4.1　访问控制和权限管理 14

　　2.4.2　身份验证和安全通信 15

　　2.4.3　元数据和安全提示 15

　　2.4.4　沙箱隔离机制 15

　　2.4.5　开源、透明 16

　2.5　MCP 与 API 的区别 16

- 2.6 MCP 与 Agent 的区别 17
- 2.7 MCP 与 Function Calling 的区别 19
- 2.8 MCP 与 A2A 协议的区别 20

第 3 章 MCP 的本地搭建 22

- 3.1 环境准备工作 23
  - 3.1.1 安装和配置 Node.js 23
  - 3.1.2 安装和配置 Python 27
  - 3.1.3 安装 VSCode 30
- 3.2 自己搭建 MCP 客户端 32
  - 3.2.1 用 Python 快速搭建 MCP 客户端 32
  - 3.2.2 搭建 MCP 聊天机器人客户端 38
- 3.3 MCP 客户端精选 46
  - 3.3.1 Claude Desktop 46
  - 3.3.2 Cherry Studio 47
  - 3.3.3 5ire 47
  - 3.3.4 Cursor 48
  - 3.3.5 DeepChat 49
  - 3.3.6 ChatWise 50
- 3.4 自己搭建 MCP 服务器 52
  - 3.4.1 安装 uv 工具并初始化项目目录 52
  - 3.4.2 用 FastMCP 构建天气服务端 56

第 4 章 开发与代码执行 64

- 4.1 Semantic Kernel 65
  - 4.1.1 基础设置 66
  - 4.1.2 示例：多代理协作系统与插件集成 66
- 4.2 MCP Run Python 72
  - 4.2.1 基础设置 72
  - 4.2.2 示例：安全沙箱的集成与调用 73

目录 | VII

　　4.3　E2B 75
　　　　4.3.1　基础设置 75
　　　　4.3.2　示例：云沙箱的 Python 调用链路 76
　　4.4　JetBrainsMCP 77
　　　　4.4.1　基础设置 78
　　　　4.4.2　示例：在 Claude Desktop 中连接 IDE 并列出工具 79
　　4.5　FileScopeMCP 80
　　　　4.5.1　基础设置 81
　　　　4.5.2　示例：生成项目依赖图 82

第 5 章　浏览器的自动化 84

　　5.1　PlaywrightMCP 85
　　　　5.1.1　基础设置 86
　　　　5.1.2　示例：基于无头浏览器与网页交互 87
　　5.2　BrowserbaseMCP 88
　　　　5.2.1　基础设置 88
　　　　5.2.2　示例：基于云浏览器抓取网页中的标题并截图 89
　　5.3　PuppeteerMCP 90
　　　　5.3.1　基础设置 90
　　　　5.3.2　示例：基于云浏览器抓取网页中的标题并截图 92
　　5.4　ApifyActorsMCP 93
　　　　5.4.1　基础设置 93
　　　　5.4.2　示例：抓取本地标准输入/输出客户端 94
　　5.5　FirecrawlMCP 96
　　　　5.5.1　基础设置 96
　　　　5.5.2　示例：调用 FirecrawlScrape 97

第 6 章　命令行与 Shell 99

　　6.1　iterm-mcp 100
　　　　6.1.1　基础设置 101

6.1.2 示例：自动创建并激活 Python 虚拟环境 102
6.2 win-cli-mcp 103
6.2.1 基础设置 103
6.2.2 示例：创建虚拟环境、安装依赖并拉取远程系统信息 104
6.3 mcp-server-commands 106
6.3.1 基础设置 106
6.3.2 示例：Python 程序的自动化 107
6.4 CLI MCP 108
6.4.1 基础设置 109
6.4.2 示例：RunCommand 的执行过程 109
6.5 Term_MCP_DeepSeek 110
6.5.1 基础设置 111
6.5.2 示例：实现 DeepSeek 终端聊天机器人 111

第 7 章 版本控制 114
7.1 GitHub MCP 服务器 115
7.1.1 基础设置 115
7.1.2 示例：GitHub 工作流的自动化 117
7.2 Gitee MCP 服务器 119
7.2.1 基础设置 119
7.2.2 示例：Gitee 工作流的自动化 120
7.3 Gitea MCP 服务器 122
7.3.1 基础设置 122
7.3.2 示例：Bug 修复流程的自动化 123
7.4 mcp-git-ingest 125
7.4.1 基础设置 125
7.4.2 示例：GitHub 的仓库结构与文件读取 126
7.5 github-enterprise-mcp 127
7.5.1 基础设置 127
7.5.2 示例：github-enterprise-mcp 的部署与访问 127

第 8 章 数据库交互 129

8.1 Aiven MCP 服务器 130
8.1.1 基础设置 131
8.1.2 示例：查询项目与获取服务详情 132

8.2 genai-toolbox 133
8.2.1 基础设置 133
8.2.2 示例：将 LangGraph 与 Toolbox 集成 134

8.3 mcp-clickhouse 136
8.3.1 基础设置 136
8.3.2 示例：查询与分析数据 138

8.4 chroma-mcp 139
8.4.1 基础设置 139
8.4.2 示例：基于 CLI 进行文档管理 140

8.5 mcp-confluent 141
8.5.1 基础设置 142
8.5.2 示例：Kafka 的主题与消息管理 143

第 9 章 数据分析与可视化 145

9.1 mcp-vegalite-server 146
9.1.1 基础设置 147
9.1.2 示例：月度销量数据的保存与可视化 148

9.2 keboola-mcp-server 149
9.2.1 基础设置 150
9.2.2 示例：数据操作与 CSV 文件导出 151

9.3 mcp-server-axiom 152
9.3.1 基础设置 153
9.3.2 示例：数据集查询与 APL 分析 154

9.4 opik-mcp 155
9.4.1 基础设置 155
9.4.2 示例：Opik 项目与指标查询 156

9.5 mindmap-mcp-server 157
    9.5.1 基础设置 158
    9.5.2 示例：将 Markdown 格式的内容转换为思维导图 159

第 10 章 云平台服务集成 161

10.1 sample-mcp-server-tos 162
    10.1.1 基础设置 163
    10.1.2 示例：列桶、列对象与下载对象 164

10.2 aws-kb-retrieval-server 165
    10.2.1 基础设置 166
    10.2.2 示例：Amazon Bedrock 知识库的检索 167

10.3 mcp-server-cloudflare 168
    10.3.1 基础设置 169
    10.3.2 示例：列出 Workers 与查看错误日志 170

10.4 k8m 171
    10.4.1 基础设置 171
    10.4.2 示例：命名空间管理与 Pod 监控 172

10.5 kubernetes-mcp-server 173
    10.5.1 基础设置 174
    10.5.2 示例：Pod 日志检索的自动化 175

第 11 章 通信与协作 177

11.1 gotohuman-mcp-server 178
    11.1.1 基础设置 179
    11.1.2 示例：推文审阅与反馈优化 180

11.2 inbox-zero MCP 服务器 181
    11.2.1 基础设置 182
    11.2.2 示例：邮件管理的自动化 183

11.3 AgentMail Toolkit 184
    11.3.1 基础设置 184

11.3.2 示例：邮件全生命周期的自动化 185
11.4 mcp-teams-server 187
　　11.4.1 基础设置 187
　　11.4.2 示例：自动创建线程并读取回复 188
11.5 bluesky-context-server 189
　　11.5.1 基础设置 190
　　11.5.2 示例：热帖检索 191

第12章 娱乐休闲 193

12.1 MemoryMesh 194
　　12.1.1 基础设置 195
　　12.1.2 示例：用动态工具构建 RPG 世界 195
12.2 mcp-unity 196
　　12.2.1 基础设置 197
　　12.2.2 示例：Unity 编辑器的自动化 198
12.3 hko-mcp 199
　　12.3.1 基础设置 199
　　12.3.2 示例：气象数据的获取与处理 200
12.4 graphlit-mcp-server 201
　　12.4.1 基础设置 201
　　12.4.2 示例：批量获取 Slack 频道的消息及问答对话 202
12.5 mcp-summarizer 204
　　12.5.1 基础设置 204
　　12.5.2 示例：3 分钟技术文章摘要机器人 205

附录 A　MCP 官方集成的 MCP 服务器 206

附录 B　社区集成的 MCP 服务器 211

第 1 章
MCP 简介

1.1 什么是 MCP

1.2 MCP 的起源与发展

1.3 掌握 MCP 的好处

MCP（Model Context Protocol，模型上下文协议）旨在标准化大模型与各种数据源、工具之间的通信方式，简化开发者的集成工作，并通过协议层内置的加密与权限管理机制确保数据安全。掌握 MCP，将帮助开发者深入理解 AI 插件和 AI 助手的工作原理，更高效地开发新型 AI 应用。

1.1 什么是 MCP

想象一下，我们有一个强大的 AI 助手，它能聊天、回答问题，甚至帮助我们写代码。然而，当我们向它询问指定位置的文件信息，或者让它获取最新的天气数据时，却发现它不能有效作答。原因很简单：它接触不到我们手头的数据或工具。MCP 正是为了解决这一问题而出现的一种标准化的开放协议，其工作原理如图 1-1 所示。

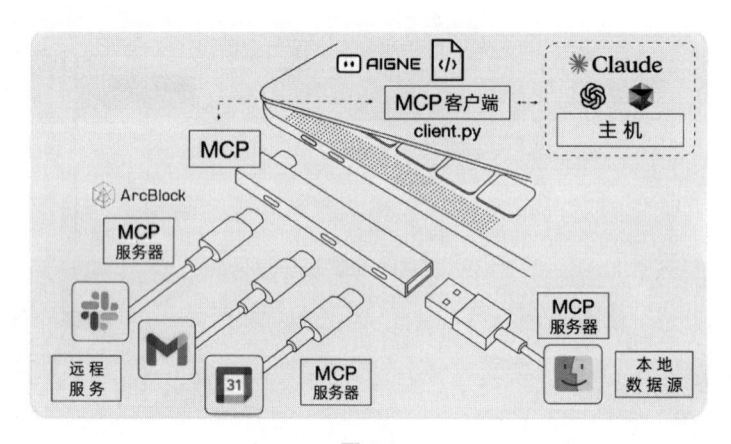

图 1-1

这里简单讲解图 1-1 所示的一些关键词。中间的 MCP 就像连接大模型的扩展坞（又称"端口复制器"）。右上角的 Claude 等是 MCP 的主机，只负责推理。中间靠上位置的 client.py 是 MCP 客户端，相当于一根主线，在启动后向大模型"汇报"可用的工具目录，接收大模型发出的 call_tool 请求并转发。下方的多条插线代表不同的 MCP 服务器（工具）。左侧的 ArcBlock 封装了区块链的 API。Slack、Gmail、Google Calendar（图中仅显示图标）等代表远程服务。右下角的 Finder（笑脸图标）代表本地文件系统。MCP 客户端通过 stdio、HTTP、SSE、gRPC 等协议把调用信息路由到对应的 MCP 服务器，再把结果回传给大模型，实现大模型安全、统一地访问云端资源或本地数据，开发者无须为不同的大模型重复编写调用逻辑。

通俗地讲，MCP 就是 AI 领域的"通用接口"。若将大模型视作计算机或智能手机，MCP 则相当于标准化的 USB 接口，不同的大模型都能通过它无缝接入实时数据、外部数据源等。

通过 MCP，开发者无须针对不同的大模型重复编写集成代码，只需遵循统一的标准即可实现兼容。所有支持 MCP 的大模型，都能直接访问通过该协议接入的数据源、功能或服务。

1.2　MCP 的起源与发展

近几年，大模型的能力突飞猛进，但也暴露了一个明显的问题：数据孤岛问题。大模型依赖固定的训练数据集，导致其知识更新有滞后性，无法访问实时数据与外部数据源等。

针对这一问题，业界早先尝试过多种解决方案。典型的解决方案包括通过插件机制或 API 调用函数（即"函数调用"功能）实现对外部数据的访问。

然而，这些解决方案缺乏统一的标准，形成了"技术孤岛"。以典型场景为例，当 5 种不同的 AI 应用都需要接入 5 种不同的数据源或工具时，开发者可能需要构建多达 25 种（5×5）定制化接入方案。这种"组合爆炸"式的开发模式不仅效率低下，还显著增加了系统的复杂度与维护成本，严重阻碍了大模型的落地和应用。

为解决上述问题，Anthropic 公司于 2024 年 11 月正式发布了 MCP，MCP 很快引起了业界的关注。Anthropic 公司将 MCP 定位为"AI 领域的 HTTP"——正如 HTTP 为互联网建立了通用的通信标准，MCP 为 AI 领域构建了开放、统一的数据交互标准。这一愿景意味着，MCP 不属于任何一家厂商，所有人都可以参与改进它，使大模型的应用标准化和去中心化。

自 MCP 发布以来，其标准化价值迅速获得业界的认可。Anthropic 公司很快就在其 AI 助手 Claude 中支持 MCP，并开源了连接 Google Drive、Slack、GitHub 等主流平台的标准化数据接口。这一举措显著降低了集成门槛，吸引了包括 Copilot Studio 在内的主流开发工具厂商，这些厂商纷纷宣布原生支持 MCP。

MCP 正逐步成长为一个生态系统：开发者搭建各种 MCP 服务器，用于连接不同的数据源或工具；应用开发者则让自家的大模型成为 MCP 客户端，通过 MCP 连接 MCP 服务器。MCP 可接入的数据源或工具越多，人们就越愿意应用 MCP。

1.3 掌握 MCP 的好处

无论是对于个人开发者，还是对于企业，掌握 MCP 都有如下好处。

（1）能让 AI 应用更加实用。通过 MCP，我们可以让大模型接入实时数据和专有数据源，提高大模型所回复内容的时效性和相关性。比如，如果没有 MCP，则聊天机器人在回答问题时只能依赖训练时学到的知识（可能已经过时）；但有了 MCP，聊天机器人便可以即时查询数据库和调用工具，获取最新的信息来回答问题。

（2）大大简化了集成开发的工作量。以往，要让大模型对接某个新系统，开发者往往需要从头开始编写接口代码。有了 MCP，只要该系统有现成的 MCP 服务器，则实现对接就像插上 USB 接口一样简单。这意味着学习 MCP 能让我们迅速掌握将大模型与各种工具对接的方法。对于开发者而言，这是一项很有用的技能：能够用标准化的方法为 AI 应用增加功能，而不必每次都重复造轮子。

（3）让 AI 应用更安全且更易于权限管理。在没有标准的时候，让 AI 应用拥有更多的权限常常伴随着安全隐患。例如，直接把数据库凭证嵌入 AI 应用可能会有数据泄露风险。而 MCP 内置了安全机制，通过正确使用 MCP，我们可以更安心地控制 AI 应用对敏感数据的访问权限。所以，掌握 MCP，也就意味着掌握如何在赋予 AI 应用权限的同时不引入安全问题，这对于个人或企业而言都非常重要。

（4）掌握 AI 应用的发展趋势。MCP 代表 AI 应用的发展趋势，越来越多的 AI 应用在从封闭走向开放，通过 MCP 等互联互通。现在入门 MCP，无疑能让我们站在一个前沿起点上。

（5）让 AI 应用"落地生根"。通过掌握 MCP，我们不再只限于使用现成的大模型回答问题，而是能够真正让大模型与各种数据库和工具对接，为真实世界的问题提供解决方案。

第 2 章
MCP 的工作原理

2.1　核心架构

2.2　核心组件

2.3　两种常见的传输方式

2.4　安全机制

2.5　MCP 与 API 的区别

2.6　MCP 与 Agent 的区别

2.7　MCP 与 Function Calling 的区别

2.8　MCP 与 A2A 协议的区别

本章系统讲解 MCP 的工作原理。首先讲解 MCP 的客户端-服务器架构，阐明主机（Host）、MCP 客户端（Client）与 MCP 服务器（Server）之间的协作关系。然后深入探讨 MCP 的三大核心组件：资源、工具和提示模板，并通过实例说明其在实际应用中的作用与交互方式。接着讲解 MCP 支持的传输方式，包括标准输入/输出（stdio）和流式传输，以满足不同的应用场景。随后详细讲解安全机制方面的访问控制、权限管理、身份验证、安全通信、工具元数据、安全提示、沙箱与隔离等内容，确保大模型在访问外部数据和工具时的安全性与权限可控性。最后，通过与其他协议（如函数调用和插件体系）的比较，突出 MCP 在标准化、通用性和安全性方面的独特优势，为在后续章节中深入探讨 MCP 的应用奠定坚实的基础。

2.1 核心架构

MCP 采用的是经典的客户端-服务器架构，如图 2-1 所示，不过这里的"客户端"和"服务器"均指的是特定角色的软件组件，而不是我们常说的浏览器和网站。

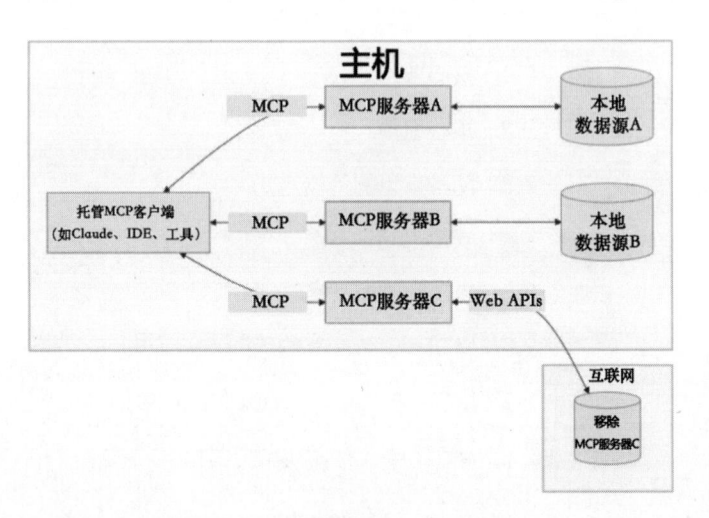

图 2-1

下面讲解图 2-1 所涉及的主机、MCP 客户端和 MCP 服务器这三个概念。

- 主机：通常是 AI 应用，例如 Claude Desktop、Cursor 代码编辑器等。Host 负责接收用户的提问和指令，与大模型进行交互。当大模型需要调用外部工具或数据时，主机就会调用 MCP 客户端。
- MCP 客户端：MCP 客户端好比"中间人"，通常内置在主机中，负责与 MCP 服务器建立连接、发送请求和接收响应。我们可以把 MCP 客户端想象成主机派出的"翻译官"，负责把 AI 指令翻译成 MCP 格式并发送给 MCP 服务器，再把 MCP 服务器回复的内容返回。
- MCP 服务器：MCP 服务器是"工具库"或"数据源"，提供各种各样的功能，例如文件系统访问、Web 浏览器控制、数据库查询等。MCP 服务器负责执行实际的操作，例如，访问数据和调用工具，并将结果返回给 MCP 客户端。MCP 服务器对外暴露自己有哪些资源、工具和提示模板可以提供，供 MCP 客户端查询和调用。可以说，MCP 服务器就像一个个"工具箱"，里面装着各种各样的"工具"，可以被 MCP 客户端按需取用。

通过图 2-1 可以看到，主机通过 MCP 客户端分别同多个 MCP 服务器连接并通信，每次连接都使用统一的 MCP。这种设计带来的好处是显而易见的：扩展性强且维护方便。如果我们想让大模型再接入一种新的"工具"，则只需再启动一个对应的 MCP 服务器并连接该"工具"提供的接口即可。主机本身不需要做大的改动。多个 MCP 服务器可以并行工作，大模型在需要时可以从不同的 MCP 服务器上获取不同类型的帮助。

举个例子，假设我们向主机提出一个问题"在我的计算机桌面上都有哪些文档？"，而主机是 Claude Desktop，则整个交互流程大概如下。

（1）我们向 Claude Desktop 提出问题。

（2）Claude 模型分析我们的问题，判断需要访问本地文件系统。

（3）主机内置的 MCP 客户端被激活，与本地文件系统的 MCP 服务器建立连接。

（4）MCP 客户端向本地文件系统的 MCP 服务器发送请求，"询问"桌面上的文档列表。

（5）本地文件系统的 MCP 服务器执行文档扫描操作，访问我们的桌面目录，获取文档列表。

（6）本地文件系统的 MCP 服务器将文档列表"返回"给 MCP 客户端。

（7）MCP 客户端将结果"传递"给 Claude 模型。

（8）Claude 模型结合结果，以自然语言生成答案并将其显示在 Claude Desktop 上。

值得一提的是，MCP 强调"双向连接"。这意味着不仅大模型可以请求数据或调用工具，MCP 服务器本身也能主动向 MCP 客户端提供上下文。例如，当我们打开一个文件时，文件的内容（作为资源）可以通过 MCP 自动发送给大模型，让大模型具备该文件的上下文。这种双向连接确保了大模型随时拥有最新、最相关的信息来回答我们的问题。当然，所有这些交互都是在安全机制下进行的。

整个 MCP 架构看起来复杂，其实对于用户而言并不需要手动干预其中的细节。一旦在 AI 应用中配置好了 MCP，MCP 的运作就像自动驾驶一样流畅：在 AI 应用启动时，各个 MCP 客户端和 MCP 服务器首先通过"握手"确认彼此支持的功能（例如，有哪些资源、工具可用），然后进入正常待命状态。当我们和 AI 应用交互时，如果涉及外部数据或操作请求，大模型就会通过客户端把需求命令发送给相应的服务器，服务器在执行命令后再将结果返回。最终，我们看到的只是 AI 应用给出了更有用的答案，或者替我们完成了一项任务，而其背后不同组件之间的协调工作都依照 MCP 定好的流程完成。正因为有了这种清晰的架构和流程，不同厂商开发的组件也能无缝协作——这就是 MCP 架构的强大之处。

2.2 核心组件

在 MCP 中，有三类核心组件贯穿始终：资源、工具和提示模板，如图 2-2 所示。简单来说，它们分别对应"数据""操作"和"提示"这三种不同的作用。理解这三者，对把握 MCP 的工作原理非常关键。下面通过通俗的讲解和示例，来充分认识这些组件。

通过图 2-2 可以看出：MCP 服务器暴露资源、工具和提示；MCP 客户端则调用/查询它们并将其作用于大模型；工具是大模型调用的函数，例如检索/搜索、发送消息、更新数据库记录；资源是暴露给应用的数据，例如文件、数据库记录、API 响应等；提示模板是用户预设的交互模板，例如文档问答、对话摘要、以 JSON 格式输出等模板。

图 2-2

2.2.1 资源

我们可以将资源理解为供大模型读取的各种数据。在 MCP 中，资源指的是由 MCP 服务器提供给 MCP 客户端的任意类型的数据，它强调的是数据本身，而不是对数据进行的操作。资源的形式非常多样，几乎"万物皆资源"，例如一篇文档的全文、一段数据库记录、API 返回的一次数据、一张截图或图片，甚至一份日志文件的内容等，这些都可以作为资源提供给大模型。每个资源通常都有一个唯一的标识符（URI）和名称，方便 MCP 客户端请求特定的资源。

比如，我们有一个 MCP 文件服务器，它管理着某些文档资源，那么其中可能有一个资源 URI 是"file://项目计划.docx"，对应的内容就是"项目计划.docx"这份文件的文本，大模型在需要时，可以通过 MCP 客户端请求这个资源，MCP 文件服务器就会把文件的内容发送过来。又如，在一个 MCP 数据库服务器里有资源"db://客户列表"，通过请求该服务器，就能得到最新的客户列表数据。

注意，资源通常是只读的。也就是说，大模型获取资源的目的在于读取其中的信息，而不会通过资源直接修改外部系统的状态。正因如此，资源被称为"应用控制"的内容——也就是由应用（或用户）决定将哪些数据提供给大模型。大模型本身不会擅自要求把整个数据库都发送给它，而是按照业务需要，只暴露必要的资源给 AI 应用。这样做既有助于保障安全（大模型只能看我们允许它看的内容），也有助于提高效率（避免给大模型太多无关的信息）。

在实践中，资源的访问管理体现为精细的权限控制和按需提供。例如，一个企业的 MCP 服务器可能只允许 AI 应用访问某些公共资料，对于敏感的数据，则需要管理员授权才能开放给 AI 应用。此外，资源可以实时生成或更新——比如，对于"股票价格"这样的资源，在每次请求时，服务器都去抓取最新行情。这对于保证大模型所回复内容的时效性很有帮助。

通俗来讲，可以把资源想象成 AI 应用的"参考书"或"资料库"。通过 MCP，这些资料库被整齐地摆放在书架上，标签清晰（URI 标识），在需要时，AI 应用会说"我要查第 X 本书"，MCP 服务器就把那本书"递"给它。资源为大模型提供了上下文，让大模型在回答问题时有据可依，而不只是凭训练记忆"拍脑袋"回答。

2.2.2 工具

MCP 中的工具指的是由服务器开放的供大模型调用的一系列可执行函数或操作。从最简单的计算到复杂的系统操作，工具可以完成各种各样的任务。与资源不同，工具可能会改变外部系统的状态，或者与外界发生交互，所以其操作是动态的。

我们可以将工具比作 AI 助手可以使用的技能或小工具箱。比如，对于接入了邮件服务器的 AI 助手来说，"发送邮件"就是一个工具；若其连接了日历服务，则"创建日程"也是一个工具；甚至，"调用天气 API 查询天气"也可以作为一个工具提供给 AI 助手使用。通过这些工具，AI 助手就不仅能读取资料，还能"伸出手去"帮我们做事。

从工作流程来看，MCP 客户端在连接 MCP 服务器后，可以先发现（列出）MCP 服务器提供了哪些工具。每个工具都有一个名称和说明，描述它的功能和使用方法。大模型在与人对话时，如果推断出需要用某个工具，就会通过 MCP 客户端发出一个调用请求，也就是让 MCP 服务器执行对应的函数，并传入必要的参数。MCP 服务器在执行完毕后，返回结果给 MCP 客户端，最终由大模型回复相应的内容。

- 示例 1：用户向 AI 助手提问"今天芝加哥的天气怎么样？"，AI 助手会分析问题，判断需要调用"查询天气"这个工具，于是通过 MCP 发送调用请求给 MCP 天气服务器。MCP 天气服务器调用外部天气 API 获取芝加哥当前的天气信息，返回结果如"晴，10℃"。AI 助手在收到结果后，再回复用户："芝加哥今天是晴天，气温约 10℃。"
- 示例 2：用户向 AI 助手提出要求"请帮我给张伟发送一封提醒邮件，内容为'明天下午 3 点开会'"。AI 助手会分析问题，判断需要调用"发送邮件"这个工具，于是调用 MCP 邮件服务器上的这个工具，传入要发送给收件人张伟的邮件内容。MCP 邮件服务器执行发送操作并反馈"已发送"。AI 助手最后回复用户"好的，我已经发送了提醒邮件"。

通过上述示例可以发现，工具让 AI 助手从被动问答转变为了主动代理。大模型不再仅仅输出文本答案，而是能够触发实际操作，替用户完成任务。这也是为什么工具被称为"大模型控制的组件"：大模型根据对话上下文，自主决定何时、如何使用这些工具（当然，前提是这些工具在可用列表之中，大模型才能决定是否使用它们）。

MCP 对工具的设计考虑了安全性与灵活性。例如，在工具的描述中可以注明其可能的影响——例如只读查询类的工具和会修改数据的工具。在实际应用中，我们往往会对危险操作加以限制（例如，删除文件这种功能不能随意提供给 AI 助手，需要人工确认）。总而言之，工具为 AI 助手打开了"行动之门"：借助 MCP，AI 助手可以像人一样去单击按钮、调用接口，完成现实世界中的任务，开发者无须为每种系统都编写不同的调用逻辑。

2.2.3 提示模板

最后一类核心组件是提示模板，即 Prompts。这里的"提示"并不是日常对话里的简单提示，而是指预先设计好的、可以指导大模型完成某种任务的模板。提示模板提供了一种规范的方式，在我们向大模型提问或指挥大模型做事时，保证提问的方式有效且一致。

试想，当我们希望 AI 应用执行一项复杂任务时，往往需要给它一些指引。例如，让 AI 应用对比两份报告并做出总结，就需要提示它首先阅读报告 A 和报告 B，然后按照某种格式输出对比结果。我们可以把这样的指令集合预先编写好，抽象出一个模板，在其中留出可变的部分（例如，将报告 A 和报告 B 的内容作为参数）。以后每次要用时，只需把具体内容填入模板，交给 AI 应用即可。这就是提示模板的作用：像填表格一样复用成熟的提示方案，而不用每次都从零开始想要怎么问。

在 MCP 中，提示模板通常由 MCP 服务器定义并提供给 MCP 客户端选择。它可以包含多个插槽，以供动态内容填充，还可以串联多个交互步骤，指导大模型按照特定的流程工作。甚至，这些提示模板还可以暴露在界面上作为快捷指令，例如，在聊天框里以斜杠命令"/总结"这种形式供用户单击使用。提示模板由于是预定义且由开发者或用户提供的，所以被称为"用户控制的组件"。

下面提供几个提示模板的示例来帮助我们理解。

- 文档问答模板：指导大模型从提供的文档文本中寻找答案。提示模板可以是"我们是一名助手，用户提供了一段文档内容<文档内容>，请根据其中的信息回答以下问题：<用户问题>。"。在使用该模板时，<文档内容>由 MCP 服务器填入选定的文档资源文本，<用户问题>是当前用户提出的问题。该模板可确保大模型在回答问题时紧扣文档的内容，而不会天马行空地回答。
- 代码解释模板：例如，在 IDE 里，当用户选中一段代码让大模型解释时，提示模板可以是"这段代码的功能是什么？请逐行解释以下代码：\n<代码片段>"。这样大模型就知道应该逐行输出解释，而不是输出其他无关内容。
- 多步骤任务模板：例如，"数据分析流程"模板可能指导大模型先从数据库中获取数据（调用某工具），再分析数据并生成报告。在该模板里写明流程，大模型在执行时就会遵循这个流程调用资源和工具。

通过以上示例，我们看到提示模板提供了一个规划和约束大模型行为的手段。对于新手来说，可以把提示模板想象成"剧本"，大模型则是即兴表演的演员。有了剧本，演员就不会跑题，表演也更连贯。提示模板的存在还能促进标准化：团队里的不同人在不同的时刻，都可以使用同一个提示模板来完成类似的任务，确保输出的一致性。这对于企业应用尤其重要——想象一下，所有客服机器人在回应客户投诉时都遵循同一个提示模板，语气和步骤就会统一，不会出现有的回答详尽而有的回答遗漏重要信息的情况。

在 MCP 里可以非常灵活地使用提示模板。开发者可以添加新的提示模板，或者根据需要进行调整，大模型会通过 MCP 客户端知道有哪些提示模板可用并获取其内容。当用户选择某个提示模板（或触发某个快捷指令）时，MCP 服务器就会把相应的提示发送给大模型作为上下文的一部分。总之，提示模板是提升 AI 应用效率和可控性的重要工具：让 AI 应用在自由生成内容的同时，朝着对我们有利的方向去思考和表达。

2.3 两种常见的传输方式

本节讲解 MCP 的两种常见的数据传输方式：标准输入/输出和流式传输。

2.3.1 标准输入/输出

标准输入/输出主要用于本地场景，当客户端与服务器运行在同一台机器上时，数据直接通过进程的 stdin 和 stdout 进行传输。标准输入/输出的常见应用场景包括：

- 构建命令行工具；
- 与本地服务或进程集成；
- 进程间的简单数据交换；
- 使用 Shell 脚本自动化执行任务。

标准输入/输出的数据流转过程如图 2-3 所示。客户端将请求写入 stdout，服务器从 stdin 中读取并处理数据，之后将响应写回 stdout，客户端最终从 stdin 中读取结果。

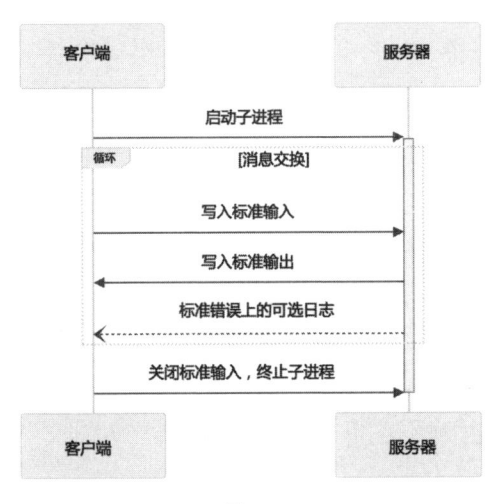

图 2-3

2.3.2 流式传输

MCP 之前用到的流式传输方式为 HTTP 结合 SSE 的传输方式，其中，SSE 指 Server-Sent Events，即 MCP 服务器向客户端推送消息的方式。在 2025 年 3 月 26 日发布的 MCP 官方文档中，将"HTTP 结合 SSE 的传输方式"升级为"流式传输方式"，远程 MCP 服务器需要在单一的 HTTP 端点上同时支持 HTTP POST 与 HTTP GET 请求，MCP 客户端通过 HTTP POST 提交消息并在 Accept 头中声明对 application/json 及 text/event-stream 的支持，MCP 服务器可选地使用 SSE 流式推送响应。该方式新增了会话管理（Mcp-Session-Id）、批量请求/响应、断点续传功能，并在安全性方面要求校验 Origin，以防 DNS 重绑定，以及在本地运行时仅绑定回环地址及实现合适的认证策略，以提升 MCP 的并发处理效率、稳定性和安全性。

2.4 安全机制

MCP 可以让 AI 应用接触到更加广泛的数据和更强大的工具，因此其安全性成了重中之重。我们不希望 AI 应用胡乱修改数据库，或者接触未授权的信息。因此，MCP 在设计之初就融入了多层次的安全机制，以保障数据安全和权限可控。

MCP 用多种手段确保"给大模型开了门，也上好了锁"。它既让 AI 应用能够访问所需的数据和功能，又通过权限和认证机制杜绝越权行为。对于用户和开发者而言，这意味着我们可以更放心地把 AI 应用接入真实的系统。当然，确保安全是一个持续的过程，MCP 规范也在不断改进，例如，最近的更新进一步提高了传输效率和安全控制力度。作为新手，我们需要明白的是：MCP 并非让 AI 应用无限制地"漫游"我们的数字世界，而是给了它一把有部分权限的"钥匙"，在哪些"房间"能进、能做什么等都经过精心设定和监督。

2.4.1 访问控制和权限管理

MCP 强调由 MCP 服务器掌控资源和工具，这本身就是一种天然的权限隔离。换句话说，大模型并不能想看什么就看什么、想做什么就做什么，它只能使用 MCP 服务器开放给它的资源和工具。而 MCP 服务器由谁部署？通常由数据或服务的拥有者部署，而且将 MCP 服务器部署在受信任的环境中。所以，拥有数据或服务的一方始终拥有决定权：

可以选择提供哪些资源、启用哪些工具。

由于 MCP 服务器自己控制资源和操作，开发者无须把敏感的 API 密钥直接交给主机，所以这避免了凭证泄露。举个例子，公司管理员可以部署一个 MCP 数据库服务器，但只配置只读查询的工具，并且只开放某几个安全的资源查询接口给 AI 应用使用，这样 AI 应用再"聪明"，也无法越过这些接口去修改数据或查看未授权的信息。

2.4.2　身份验证和安全通信

MCP 在连接远程服务时，强制要求使用安全认证机制（如 OAuth 2.1）来验证 MCP 客户端或 MCP 服务器的身份。例如，如果 AI 应用需要通过 MCP 访问一个第三方服务，MCP 就会遵循行业成熟的 OAuth 流程，让用户授权，并在通信过程中使用令牌，而不会暴露用户名和密码等敏感信息。同时，MCP 在通信过程中采用了加密传输方式（基于 HTTPs 等），确保数据在传输过程中不会被窃听或篡改。

2.4.3　元数据和安全提示

前面提到，MCP 工具可以带有元数据来描述其行为特性。例如，一个工具可被标记为"只读"或者"可能修改数据"。MCP 客户端可以根据这些元数据，决定是否允许大模型直接调用，或者在调用前提示用户确认。当 AI 应用尝试调用一个高风险操作时，主机完全可以弹出一个确认对话框，询问"大模型想执行删除操作，是否允许？"，只有在得到用户同意后才允许 AI 应用调用该高风险操作。这样，我们对 AI 应用的关键操作依然保留最后的裁决权。

2.4.4　沙箱隔离机制

很多 MCP 服务器均被部署于受控的沙箱环境之中，以实现运行时隔离。这可确保即便某客户端经由 MCP 发出错误或潜在的恶意指令，其影响亦被限定在沙箱范围内，无法扩散至宿主系统。以脚本执行服务器为例，常见的防护措施如下。

- 资源配额控制：对每次脚本运行都设定 CPU、内存及时间上限，防止过度占用系统资源。

- 访问权限限制：禁止脚本触及系统关键目录、网络出口或未经授权的接口，杜绝越权操作。
- 操作审计记录：记录文件的创建、读取、修改、删除等所有读写操作，以及所有网络请求（包括请求 URL、方法、参数和响应状态），便于事后追踪与合规审计。

通过这 3 种防护措施，即便 AI 应用获得脚本执行能力，亦难突破沙箱的权限边界，从而显著降低潜在安全风险。

2.4.5 开源、透明

因为 MCP 是开源的，所以它的实现细节对所有人都透明。这有利于社区一起发现和修复安全漏洞，并且每个使用 MCP 的个人或组织，都可以自行审核代码，确保其符合自己的安全要求。这种透明度本身也是安全的一环——没有黑箱，就少了很多让人意外的漏洞。这里的"黑箱"，指的是内部实现对外部观察者不可见的系统——外界只能看到输入与输出，却无法获知其内部逻辑、数据流或源码。

2.5 MCP 与 API 的区别

MCP 与 API（应用的编程接口）在 AI 系统中承担着不同的角色，它们的主要区别如图 2-4 所示。

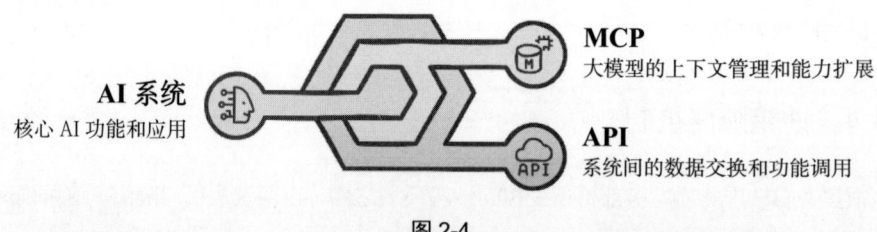

图 2-4

从定义与定位来看，MCP 是一种面向大模型的标准化协议和服务器程序，负责管理对话上下文，并为大模型提供外部能力支持；API 则是一种更通用的软件接口规范，用于不同系统或组件之间的数据交换与功能调用。另外，MCP 聚焦于"大模型可感知"的上下文管理和能力扩展，API 则强调"功能暴露"的通用性和兼容性。

从功能与应用场景来看，MCP 专注于将企业内部系统（如知识库、数据仓库、业务流程）封装为大模型可调用的能力模块，适合多步任务编排与跨域数据集成；API 则被广泛用于前后端分离、微服务架构、第三方服务接入等场景，其功能多样但不具备对大模型上下文状态的内置管理功能。

从交互方式来看，MCP 通常以请求–响应或流式调用的方式与大模型紧密集成，并附带上下文标识和状态追踪，以保持对话的连贯性；API 则通过 REST、gRPC 等标准协议进行无状态或轻状态通信，交互更为简洁，调用方需要自行维护业务逻辑与状态。

如图 2-5 所示，我们可以将 MCP 比作图书馆的"智能档案管理员"，它不仅存放了所有书籍，还记录了我们当前正在阅读的内容、上次借阅的时间和推荐清单。当我们提出新的请求时，它会根据上下文立刻调出相关资料。API 则更像图书馆的大门和检索机——它提供了借书和检索书的通道，并不关心我们之前看过哪些书，也不会跟踪我们的阅读进度，使用者需要自行记住和管理自己的阅读历史与需求。

图 2-5

2.6 MCP 与 Agent 的区别

MCP 与 Agent 在 AI 系统中承担着不同的角色，它们的主要区别如图 2-6 所示。

从定义与定位来看，MCP 是一种基于标准化协议的服务端程序，主要为大模型提供外部数据和能力支持。它的核心定位是"被动服务"，仅响应调用请求，不参与决策或推理。Agent 则是一种具备自主决策能力的 AI 应用，能够感知环境、规划任务并调用工具（包括 MCP 服务器和 Function Calling，详见 2.7 节）完成目标。

选择哪种AI实体以满足特定需求？

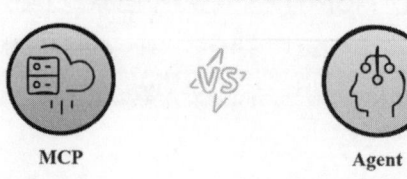

MCP
提供被动数据和工具接口

Agent
进行自主决策和复杂任务处理

图 2-6

从功能与应用场景来看，MCP 的功能相对单一，专注于提供数据和工具接口。例如，企业可以将内部系统（CRM、ERP）封装为 MCP 服务器，供多个 Agent 安全调用。Agent 则能够感知需求、推理规划并执行多步骤任务，例如，通过调用多个 MCP 服务器完成跨平台数据整合，或者结合 Function Calling 实现动态调整策略。Agent 擅长处理端到端的复杂任务，例如自动化客服。

从交互方式来看，MCP 采用被动服务模式，仅在接收到请求时返回数据。Agent 则具备高自主性，不仅可以主动调用工具，还可以与用户进行双向交互。例如，当用户提出模糊的需求时，Agent 可以在进一步确认细节后再执行任务。

如图 2-7 所示，我们可以将 MCP 比作酒店的邮件室，MCP 仅根据客人或部门的要求，按流程分发邮件和快递，不会主动向客房送达额外的物品或提出建议。Agent 则更像一位贴身管家，不仅会根据主人当天的行程安排餐饮和交通工具，还会主动提醒重要事项、预订服务，并协调各项资源来满足主人的各类需求。

图 2-7

2.7　MCP 与 Function Calling 的区别

MCP 与 Function Calling（函数调用）是两种不同的技术手段，它们在多个方面存在显著的差异，如图 2-8 所示。

选择哪种技术来满足特定任务需求？

MCP
提供标准化接口执行复杂任务

Function Calling
快速执行简单的任务

图 2-8

从定义来看，MCP 是一种基于标准化协议的服务端程序，它为大模型与外部系统之间的交互提供了规范化的接口，类似于一种"通用适配器"，使不同的系统之间能够高效地进行数据传输和功能调用。Function Calling 则是某些大模型（如 OpenAI 的 GPT-4）提供的特有接口特性，它允许大模型在运行时直接调用预定义的函数，从而实现特定的功能，这种方式更像大模型内部的一种"快捷指令"，能够快速地完成一些特定任务。

从技术实现来看，MCP 采用了客户端-服务器模式，通过标准化的消息格式处理 MCP 客户端和 MCP 服务器之间的交流任务，包括请求、响应、通知和错误处理等。这种模式使 MCP 能够很好地适应复杂的网络环境和多样化的应用场景。Function Calling 的实现则相对简单，它由大模型运行时环境直接执行，开发者只需预定义函数并将其打包到大模型服务中即可。

从功能与应用场景来看，MCP 的功能相对单一，侧重于提供数据和工具接口，例如抓取网页、读取文件或调用 API 等。这种特性使 MCP 在处理复杂、异步的任务时表现出色，例如，企业可以将内部的 CRM、ERP 系统封装为 MCP 服务器，供多个 Agent 安全调用。Function Calling 则更适合处理简单、低延迟的任务，例如实时翻译、情感分析等，它与大模型紧密集成，能够在推理过程中快速调用，从而实现高效的任务处理。

从交互方式来看，MCP 采用被动服务模式，仅在接收到请求时才返回数据，确保其稳定性和可靠性，并能够灵活适应不同的调用需求。Function Calling 则是由大模型内部主动触发的，并且基于其推理逻辑和需求直接调用预定义函数。这种主动调用方式使 Function Calling 在处理需要快速响应的任务时更具优势。

如图 2-9 所示，我们可以将 MCP 比作酒店的前台服务，客人通过前台提交各种需求，例如叫车、预定行程或者点餐；前台将请求按照标准化的流程转交给不同的部门处理，并在处理完成后统一反馈。Function Calling 则更像客房内的智能面板，客人只需轻按相应的按钮（快捷指令），即可立即呼叫送餐、调节空调或点播电影，无须经过前台中转，响应速度快，但功能范围相对有限。

图 2-9

2.8 MCP 与 A2A 协议的区别

MCP 与 A2A 协议（Agent-to-Agent Protocol）都是 AI 领域的重要协议，但它们在设计目标、技术实现和应用场景等方面存在显著的区别，如图 2-10 所示。

图 2-10

从定义与定位来看，MCP 旨在解决大模型如何与外部系统交互的问题。它通过标准化的接口连接外部工具与数据源，增强单个 Agent 的能力。A2A 协议则由谷歌主导，旨在打破智能体间的壁垒，让不同框架、供应商开发的 Agent 实现无缝协作。

从技术实现来看，MCP 采用客户端-服务器架构，通过标准化的接口来实现大模型与外部资源的交互。A2A 协议则基于 HTTP、SSE 和 JSON-RPC 构建而成，包括能力发现、任务管理、协作机制等核心模块。

从功能与应用场景来看，MCP 适用于需要大模型实时访问外部数据的场景，例如知识检索、智能客服、动态数据分析等。A2A 协议则适用于需要多个智能体协同工作的场景，例如在智能制造、金融分析、客服机器人等行业中，多个智能体可以协调工作，共享信息并共同完成复杂的任务。

如图 2-11 所示，我们可以将 MCP 比作一家快递公司的专线服务，MCP 只为某一客户提供定制化的取件与派送服务，确保每个包裹（请求）都直达目的地。A2A 协议则像一个由多家快递公司组成的联盟平台，不同公司的车辆（Agent）可以根据需求和位置协调调度，互相转运包裹，实现最优配送路径。

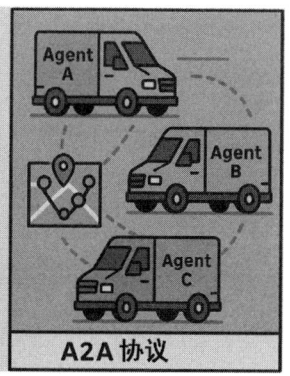

图 2-11

第 3 章
MCP 的本地搭建

3.1 环境准备工作

3.2 自己搭建 MCP 客户端

3.3 MCP 客户端精选

3.4 自己搭建 MCP 服务器

第 3 章　MCP 的本地搭建

本章从环境准备到实战演示，系统讲解如何在单机上完成 MCP 开发闭环：首先安装和配置 Node.js、Python 并安装 VSCode，为 MCP 服务器的启动与调试奠定基础；随后借助 uv 工具快速生成项目框架，示范如何用不到百行的代码打造支持工具发现与调用的 MCP 客户端，并结合 Anthropic API 实现对话式交互；最后基于 FastMCP 库构建 weather 示例服务器，将 NWS 天气预警与预报封装为 get_alerts 与 get_forecast 两个工具，一键接入 Claude Desktop，通过侧边栏的锤子图标完成"自然语言→工具调用→数据返回"的闭环验证。本章通过循序渐进的实践过程帮助读者掌握在本地搭建 MCP 客户端与服务器、调试及连接大模型等的关键方法，为后续进行更复杂的 AI 集成奠定基础。

3.1 环境准备工作

本节将带领读者完成在本地搭建 MCP 服务器的三项环境准备工作，分别是安装和配置 Node.js、安装和配置 Python、安装 VSCode。完成这三项环境准备工作后，我们即可在同一开发机上启动自定义的 MCP 服务器，并通过 Cline 与之交互，实现端到端的本地调试与开发。

3.1.1 安装和配置 Node.js

MCP 服务器在本质上是运行在计算机中的一个 Node.js 程序，所以具备 Node.js 的运行环境是必需的。

在 nodejs.org 官网下载和安装 Node.js，如图 3-1 所示。

可以根据自己的操作系统选择对应的安装包。下载完成后，双击安装包，开始安装 Node.js，如图 3-2 所示，根据个人需求修改安装目录。

我们既可以根据自身需求进行安装，也可以选择默认安装，直到 Node.js 安装完成。

图 3-1

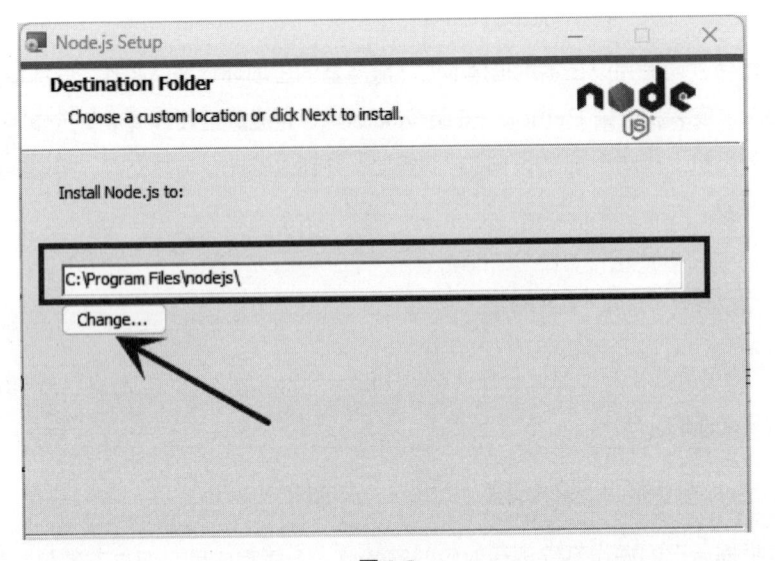

图 3-2

接下来配置 Node.js 环境。

(1) 找到自己的 Node.js 安装目录，在安装目录下新建 node_global 和 node_cache 两个文件夹，如图 3-3 所示。

(2) 用鼠标右键单击"此电脑"，在弹出的窗口中依次单击"属性"→"高级系统设置"→"高级"→"环境变量"菜单项，打开的"环境变量"界面如图 3-4 所示。

图 3-3

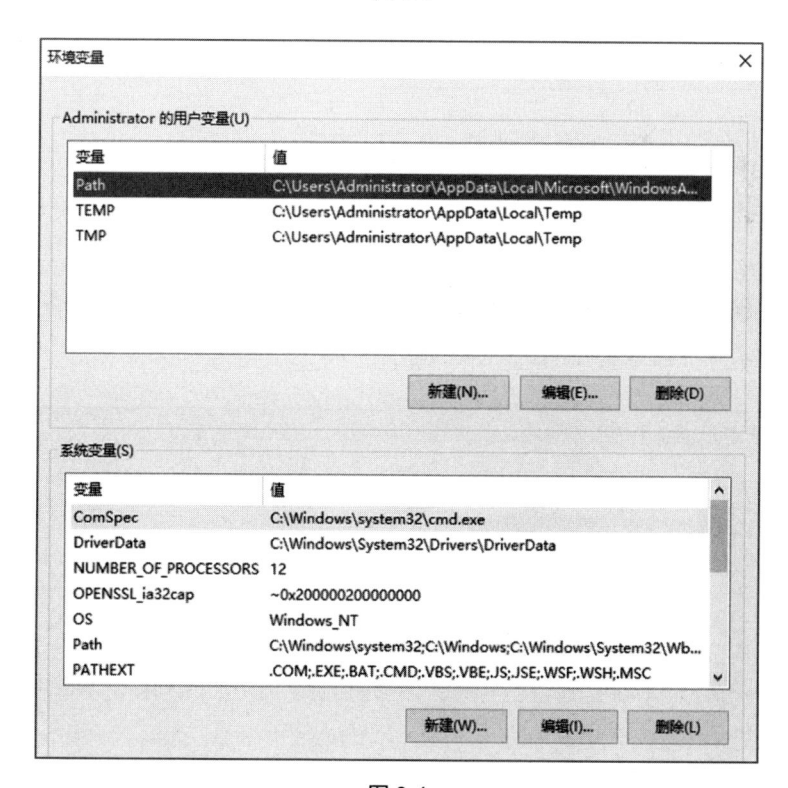

图 3-4

（3）在系统变量中新建一个 NODE_HOME 变量，将变量值设置为自己的 Node.js 安装目录，如图 3-5 所示。

图 3-5

（4）在系统变量的"Path"（见图 3-4）中添加以下内容：

```
%NODE_HOME%
%NODE_HOME%\node_global
%NODE_HOME%\node_cache
```

具体如图 3-6 所示。

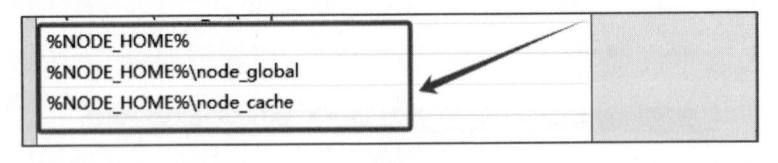

图 3-6

（5）在用户变量的"Path"中将默认的 C 盘下的"AppData\Roaming\npm"路径修改成 node_global 的路径，如图 3-7 所示。

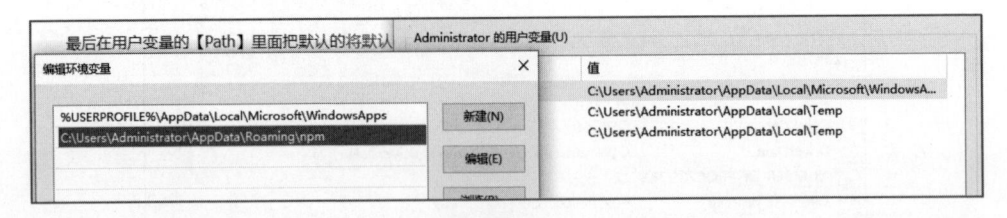

图 3-7

之后可以在 PowerShell 里通过以下命令检查是否安装成功。首先用 win+R 快捷键打开 cmd 命令提示符界面，然后分别输入 node-v 和 npm-v 命令，如果出现版本号，则代表安装成功，如图 3-8 所示。

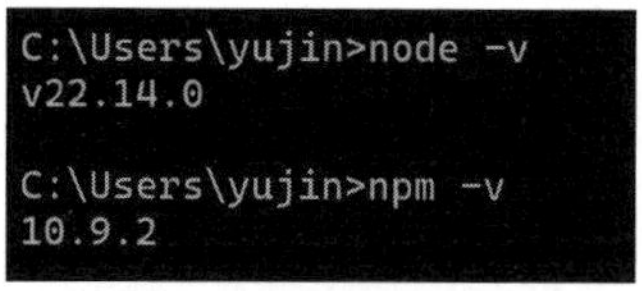

```
C:\Users\yujin>node -v
v22.14.0

C:\Users\yujin>npm -v
10.9.2
```

图 3-8

（6）全局安装一个最常用的 express 模块进行测试，在 cmd 命令提示符界面输入"npm install express-g//-g"命令进行全局安装。安装成功的界面如图 3-9 所示。

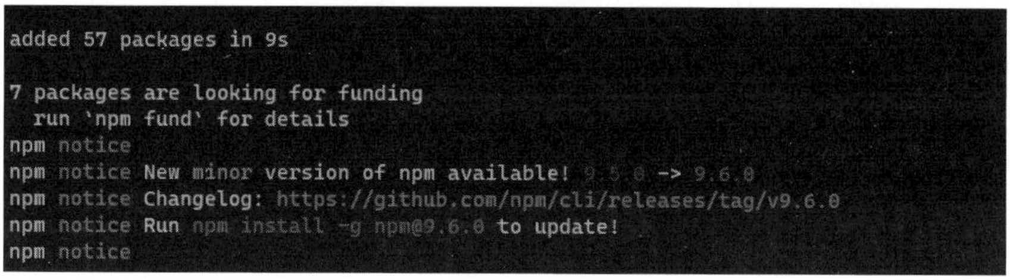

```
added 57 packages in 9s

7 packages are looking for funding
  run `npm fund` for details
npm notice
npm notice New minor version of npm available! 9.5.0 -> 9.6.0
npm notice Changelog: https://github.com/npm/cli/releases/tag/v9.6.0
npm notice Run npm install -g npm@9.6.0 to update!
npm notice
```

图 3-9

（7）在 cmd 命令提示符界面执行如下命令，设置缓存目录和全局目录。

- npm config set cache"*:***\node_cache"：设置缓存目录。
- npm config set prefix"*:*****\node_global"：设置全局目录。

如果出现红色字样的报错信息，则说明权限有问题。用鼠标依次单击"nodejs 文件夹"→"属性"→"安全"菜单项，单击"编辑"按钮，将所有权限都打钩即可。

（8）安装淘宝镜像。由于在下载 npm 包时，npm 默认的 registry 是从国外的服务器上下载的，下载速度很慢，所以一般都将其改成指向淘宝镜像。在 cmd 命令提示符界面输入：

`npm config set registry https://registry.npm.taobao.org/`

接着输入"npm config get registry"命令，检查是否配置成功。在配置成功后，终端会直接回显上面刚刚设置的镜像地址。

3.1.2 安装和配置 Python

进入 Python 官网，单击图 3-10 所示的 Download 按钮进入下载页面。之后根据计算机的操作系统，单击相应的版本号并下载相应的 Python 版本，过程不再赘述。

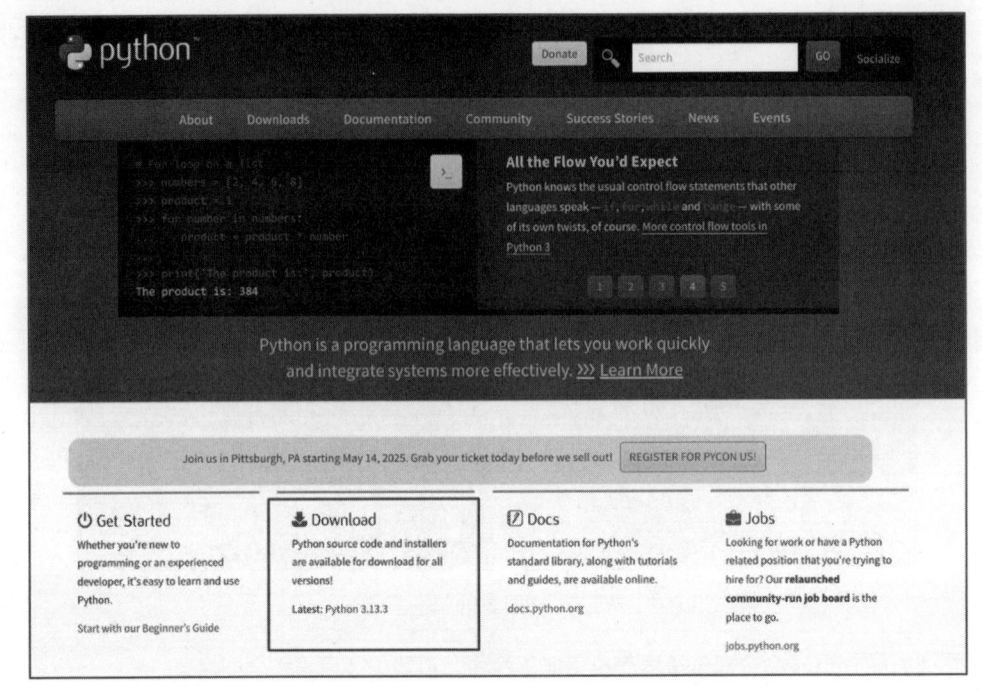

图 3-10

双击下载好的安装包,如图 3-11 所示,勾选图中的两个选项,单击 Customize installation 按钮进行自定义安装。

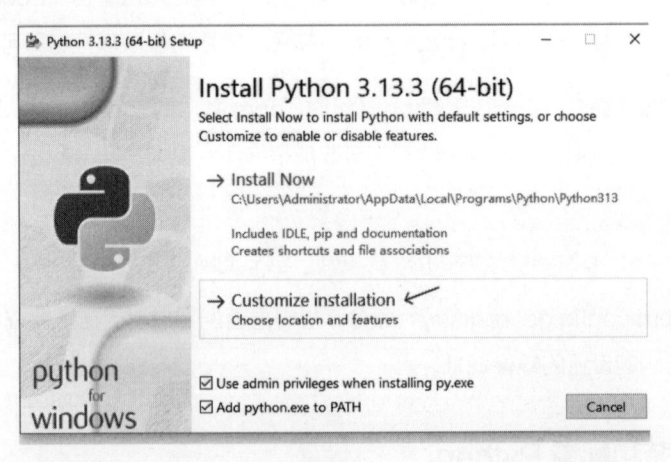

图 3-11

接下来的操作界面如图 3-12 所示,单击 Next 按钮。

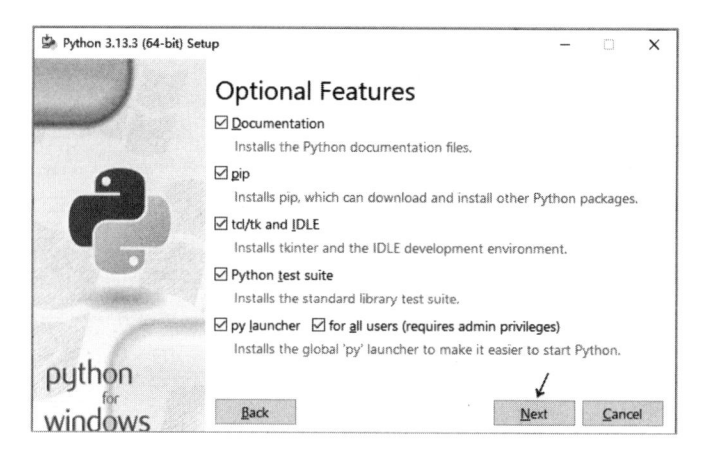

图 3-12

参照图 3-13 所示勾选相应的选项，之后单击 Install 按钮即可安装完成。

图 3-13

安装完成后，通过 win+R 快捷键打开 cmd 命令提示符界面，输入"python --version"命令验证是否安装成功，若回复相应的版本号，则说明安装成功，如图 3-14 所示。

图 3-14

3.1.3 安装 VSCode

在开始搭建 MCP 服务器之前，需要先搭建一个 MCP 客户端，目前 MCP 客户端主要有 Cursor、Cline、Claude 等。这里选择搭建的 MCP 客户端是 Cline。

Cline 是一个 AI 编程助手插件，专为 VSCode 而设计，需要通过 VSCode 的扩展市场安装，并在 VSCode 环境中运行。Cline 利用 VSCode 的 API 实现文件管理、终端操作、代码编辑等功能。所以，要想搭建 MCP 客户端，就需要先安装 VSCode。本节讲解如何安装 VSCode。

进入 VSCode 官网，在右上角单击 Download 按钮，下载并安装相应的 VSCode 版本。安装完成后，在 VSCode 界面左侧找到 Extensions 或者按 Ctrl+Shift+X 组合键快速打开扩展市场页面，在搜索栏中输入"Cline"并单击 Install 按钮，完成 Cline 的安装。之后打开 Cline，在 Cline 界面左上角单击设置图标，配置一个大模型（若是第一次下载和使用 VScode，则请单击最下方的 Use your own API key 按钮），如图 3-15 所示。

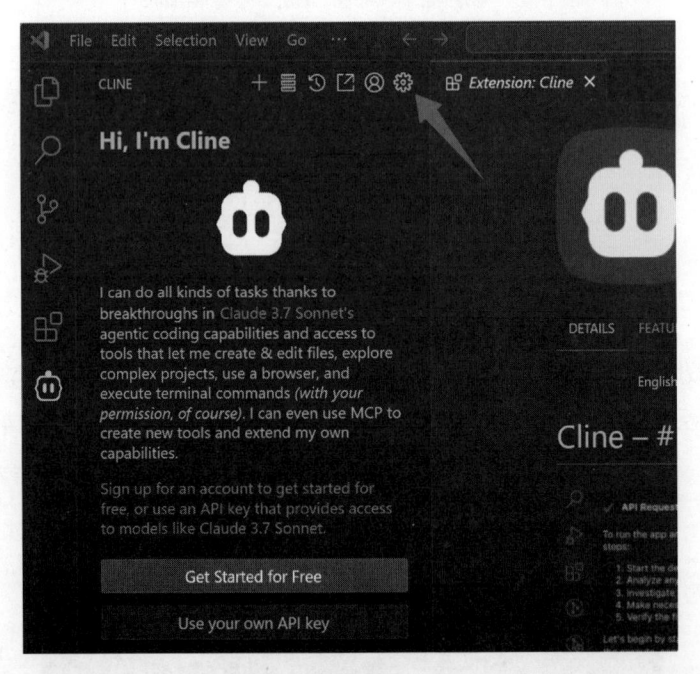

图 3-15

对于模型提供商，选择"OpenRouter"，因为 OpenRouter 提供免费的 DeepSeek 服务。在 Model 中搜索"free"会显示"deepseek-chat-free"，如图 3-16 所示。单击 OpenRouter API Key（模型的调用凭证）按钮，会自动跳进授权界面，登录后，单击 authorize 按钮，会自动填写 API Key。

以上配置完成后，单击 Done 按钮，在对话框中输入"您好"进行测试，如图 3-17 所示。

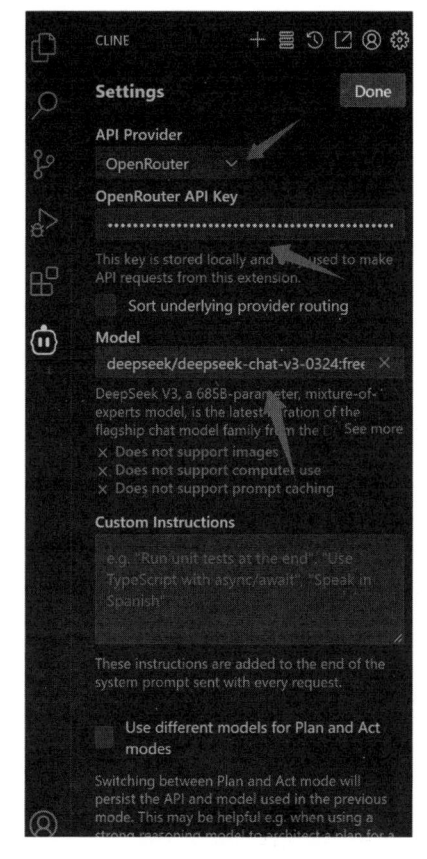

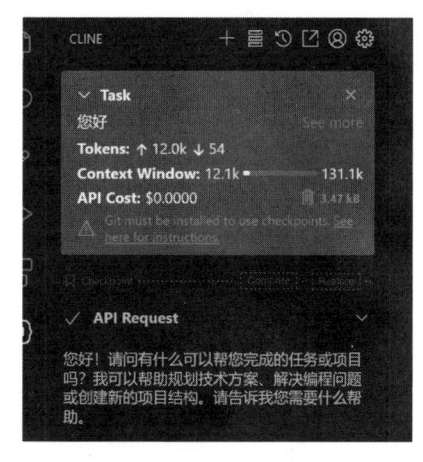

图 3-16　　　　　　　　　　　图 3-17

打开 mcp_.settings.json 的配置文件进行配置（该操作非常重要）。之后增加的 MCP 服务器，不仅可以在 extensions 里面安装，还可以通过外部的配置文件写入配置。如果使用的是 Windows 操作系统，则需要将配置文件改为以下内容，如图 3-18 所示。

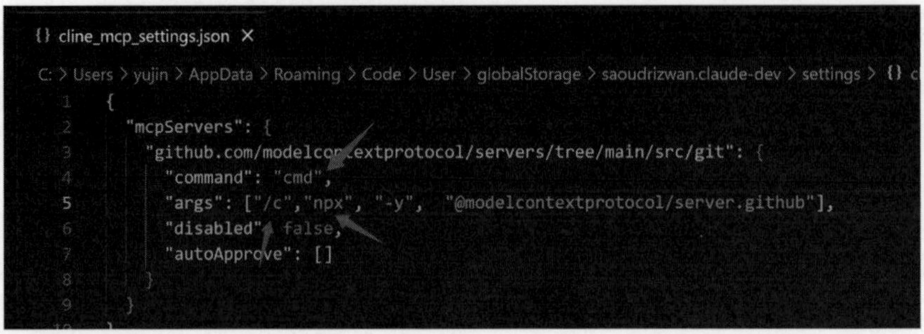

图 3-18

注意，如果在安装时有以下报错信息：

```
npx：无法加载文件 E:\node.js\npx.ps1，因为在此系统上禁止运行脚本……
```

则说明没有打开 PowerShell 的权限，需要以管理员身份打开 PowerShell。输入：

```
Get-ExecutionPolicy -> Set-ExecutionPolicy RemoteSigned
```

系统会提示我们确认以管理员身份打开 PowerShell，输入"Y"并按回车键进行确认。

3.2 自己搭建 MCP 客户端

Cherry Studio、Cline、Cursor 和 Claude 等都是 MCP 客户端。这些客户端通常用于与大模型进行交互，我们也可以自己写一个 MCP 客户端与大模型进行交互。

3.2.1 用 Python 快速搭建 MCP 客户端

从零开始用 Python 快速搭建 MCP 客户端。我们首先使用 uv 工具初始化项目目录和虚拟环境，安装 mcp、anthropic 和 python-dotenv 等依赖，在 .env 文件中存储我们的 Anthropic API 密钥；然后编写一个 MCPClient 类，实现与 MCP 服务器的连接（通过标准输入/输出方式）、可用工具的发现、大模型查询的发送与工具调用，以及异步聊天循环和清理资源等核心功能；最后，演示如何使用 uv run client.py <server> 命令启动客户端，与任意 MCP 服务器进行交互。

第 3 章　MCP 的本地搭建 | 33

1. 打开 PowerShell，依次输入以下命令创建项目目录：

```
# 创建项目目录
uv init mcp-client
cd mcp-client

# 创建虚拟环境
uv venv

# 激活虚拟环境
# Windows 系统：
.venv\Scripts\activate
# UNIX 或 macOS：
source .venv/bin/activate

# 安装所需包
uv add mcp anthropic python-dotenv

# 删除模板文件
rm hello.py

# 创建主文件
touch client.py
```

2. 从 Anthropic Console 官网获取一个 Anthropic API 密钥

（1）获取密钥后创建 .env 文件 touch .env 来存储密钥。

（2）将我们的密钥添加到 .env 文件中：ANTHROPIC_API_KEY=<我们的密钥>。

（3）将 .env 文件添加到 .gitignore 文件中：echo ".env">>.gitignore。

3. 创建客户端

创建基本的客户端类：

```python
import asyncio
from typing import Optional
from contextlib import AsyncExitStack

from mcp import ClientSession, StdioServerParameters
from mcp.client.stdio import stdio_client

from anthropic import Anthropic
```

```python
from dotenv import load_dotenv

load_dotenv()  # 从.env 文件中加载环境变量


class MCPClient:
    def __init__(self):
        # 初始化会话和客户端对象
        self.session: Optional[ClientSession] = None
        self.exit_stack = AsyncExitStack()
        self.anthropic = Anthropic()
        # 后续方法将在这里补充
```

连接 MCP 服务器的具体方法：

```python
    async def connect_to_server(self, server_script_path: str):
        """连接MCP 服务器

        参数：
            server_script_path: 服务器脚本路径（.py 或.js)
        """
        is_python = server_script_path.endswith(".py")
        is_js = server_script_path.endswith(".js")
        if not (is_python or is_js):
            raise ValueError("服务器脚本必须是.py 或.js 文件")

        command = "python" if is_python else "node"
        server_params = StdioServerParameters(
            command=command,
            args=[server_script_path],
            env=None,
        )


        # 采用标准输入/输出方式并创建会话
        stdio_transport = await self.exit_stack.enter_async_context(
            stdio_client(server_params)
        )
        self.stdio, self.write = stdio_transport
        self.session = await self.exit_stack.enter_async_context(
            ClientSession(self.stdio, self.write)
        )

        await self.session.initialize()
```

```python
# 列出服务器提供的工具
response = await self.session.list_tools()
tools = response.tools
print("\n已连接服务器,可用工具: ", [tool.name for tool in tools])
```

处理查询和工具调用的核心功能的实现方法:

```python
async def process_query(self, query: str) -> str:
    """使用Claude和可用工具处理查询"""
    # 1.先把用户问题放入对话上下文
    messages = [
        {
            "role": "user",
            "content": query,
        }
    ]

    # 2.从服务器获取可调用工具
    response = await self.session.list_tools()
    available_tools = [
        {
            "name": tool.name,
            "description": tool.description,
            "input_schema": tool.inputSchema,
        }
        for tool in response.tools
    ]

    # 3.首次调用Claude
    response = self.anthropic.messages.create(
        model="claude-3-5-sonnet-20241022",
        max_tokens=1000,
        messages=messages,
        tools=available_tools,
    )

    # 用于记录过程
    tool_results: list[dict] = []
    final_text: list[str] = []

    # 4.解析Claude输出
    for content in response.content:
```

```python
            if content.type == "text":
                final_text.append(content.text)

            elif content.type == "tool_use":
                tool_name = content.name
                tool_args = content.args or {}

                # 4-1.调用服务器工具
                result = await self.session.call_tool(tool_name, tool_args)
                tool_results.append({"call": tool_name, "result": result})
                final_text.append(
                    f"[调用工具 {tool_name}, 参数 {tool_args}]"
                )

                # 4-2.把工具调用的结果发回给 Claude
                if hasattr(content, "text") and content.text:
                    messages.append(
                        {"role": "assistant", "content": content.text}
                    )
                messages.append(
                    {"role": "user", "content": result.content}
                )

                # 4-3.Claude 再次回复
                response = self.anthropic.messages.create(
                    model="claude-3-5-sonnet-20241022",
                    max_tokens=1000,
                    messages=messages,
                )
                final_text.append(response.content[0].text)

    # 5.返回最终文本
    return "\n".join(final_text)
```

聊天循环和清理功能的实现方法：

```python
async def chat_loop(self) -> None:
    """运行交互式聊天循环"""
    print("\n MCP 客户端已启动！")
    print("输入我们的问题或输入'quit'退出。")

    while True:
```

```
        try:
            query = input("\n问题: ").strip()
            if query.lower() == "quit":
                break

            response = await self.process_query(query)
            print("\n" + response)

        except Exception as e:
            print(f"\n错误: {e}")

async def cleanup(self) -> None:
    """清理资源"""
    await self.exit_stack.aclose()
```

主执行逻辑:

```
async def main():
    if len(sys.argv) < 2:
        print("用法: python client.py <服务器脚本路径>")
        sys.exit(1)

    client = MCPClient()
    try:
        await client.connect_to_server(sys.argv[1])
        await client.chat_loop()
    finally:
        await client.cleanup()


if __name__ == "__main__":
    import sys
    asyncio.run(main())
```

这样，我们的客户端代码就编写完成了，接着使用创建的 MCP 服务 weather，在 PowerShell 中输入以下命令启动服务器:

```
uv run client.py path/to/server.py # Python 服务器
uv run client.py path/to/build/index.js # Node 服务器
# Windows 路径（两种格式都可以）
uv run client.py C:/projects/mcp-server/weather.py
uv run client.py C:\\projects\\mcp-server\\weather.py
```

启动服务器之后，就可以在自己写的客户端中调用 MCP 服务器了。

当我们提交一个查询时，背后执行的操作如下。

（1）客户端从服务器获取可用工具列表。

（2）将我们的查询连同工具描述一起发送给大模型。

（3）大模型决定使用哪些工具（如果需要）。

（4）客户端按照 Claude 的指示，把所需工具调用请求发给服务器，由后端实际运行这些工具并拿回数据（如果需要）。

（5）将工具调用的结果发回给大模型。

（6）大模型提供自然语言响应。

（7）将响应显示给我们。

3.2.2 搭建 MCP 聊天机器人客户端

本节讲解如何搭建一个基于大模型的聊天机器人客户端，并将其连接 MCP 服务器。

开始之前，请确保我们的系统满足以下要求。

- macOS 或 Windows 系统。
- 已安装最新版本的 Python。
- 已安装最新版本的 uv 工具。

创建一个新的 Python 项目，用于 uv 工具：

```
# 创建项目目录
uv init mcp-client
cd mcp-client

# 创建虚拟环境
uv venv

# 激活虚拟环境
# 在 Windows 上：
.venv\Scripts\activate
# 在 UNIX 或 macOS 上：
source .venv/bin/activate
```

```
# 安装所需的包
uv add mcp anthropic python-dotenv

# 删除样板文件
rm main.py

# 创建我们的主文件
touch client.py
```

1. 设置 API 密钥

需要来自 Anthropic Console 官网的 Anthropic API 密钥。

创建一个 .env 文件来存储它：

```
touch .env
```

将密钥添加到 .env 文件中：

```
ANTHROPIC_API_KEY=<your key here>
```

将 .env 文件添加到 .gitignore 文件中：

```
echo ".env" >> .gitignore
```

2. 创建客户端

设置导入并创建基本的客户端类：

```
import asyncio
from typing import Optional
from contextlib import AsyncExitStack

from mcp import ClientSession, StdioServerParameters
from mcp.client.stdio import stdio_client

from anthropic import Anthropic
from dotenv import load_dotenv

load_dotenv()   # 从 .env 文件中加载环境变量

class MCPClient:
    def __init__(self):
        # 初始化会话和客户端对象
```

```
        self.session: Optional[ClientSession] = None
        self.exit_stack = AsyncExitStack()
        self.anthropic = Anthropic()
    # 后续方法将在此处添加
```

3. 服务器连接管理

接下来实现连接 MCP 服务器的方法：

```
async def connect_to_server(self, server_script_path: str):
    """连接MCP服务器
    
    参数：
        server_script_path: 服务器脚本路径（.py 或 .js 文件）
    """
    is_python = server_script_path.endswith('.py')
    is_js = server_script_path.endswith('.js')
    if not (is_python or is_js):
        raise ValueError("Server script must be a .py or .js file")
    
    command = "python" if is_python else "node"
    server_params = StdioServerParameters(
        command=command,
        args=[server_script_path],
        env=None
    )
    
    stdio_transport = await self.exit_stack.enter_async_context(stdio_client(server_params))
    self.stdio, self.write = stdio_transport
    self.session = await self.exit_stack.enter_async_context(ClientSession(self.stdio, self.write))
    
    await self.session.initialize()
    
    # 列出可用工具
    response = await self.session.list_tools()
    tools = response.tools
    print("\nConnected to server with tools:", [tool.name for tool in tools])
```

4. 查询处理逻辑

下面添加处理查询和工具调用的核心功能：

```python
async def process_query(self, query: str) -> str:
    """使用 Claude 和可用工具处理查询"""
    messages = [
        {
            "role": "user",
            "content": query
        }
    ]

    response = await self.session.list_tools()
    available_tools = [{
        "name": tool.name,
        "description": tool.description,
        "input_schema": tool.inputSchema
    } for tool in response.tools]

    # 初始化 Claude API 调用
    response = self.anthropic.messages.create(
        model="claude-3-5-sonnet-20241022",
        max_tokens=1000,
        messages=messages,
        tools=available_tools
    )

    # 处理响应并调用工具
    final_text = []

    assistant_message_content = []
    for content in response.content:
        if content.type == 'text':
            final_text.append(content.text)
            assistant_message_content.append(content)
        elif content.type == 'tool_use':
            tool_name = content.name
            tool_args = content.input

            # 执行工具调用
            result = await self.session.call_tool(tool_name, tool_args)
            final_text.append(f"[调用工具 {tool_name}, 参数 {tool_args}]")
```

```
            assistant_message_content.append(content)
            messages.append({
                "role": "assistant",
                "content": assistant_message_content
            })
            messages.append({
                "role": "user",
                "content": [
                    {
                        "type": "tool_result",
                        "tool_use_id": content.id,
                        "content": result.content
                    }
                ]
            })

            # 获取Claude的下一步响应
            response = self.anthropic.messages.create(
                model="claude-3-5-sonnet-20241022",
                max_tokens=1000,
                messages=messages,
                tools=available_tools
            )

            final_text.append(response.content[0].text)

    return "\n".join(final_text)
```

5. 交互式聊天界面

下面添加聊天循环和清理功能：

```
async def chat_loop(self):
    """运行交互式聊天循环"""
    print("\nMCP Client Started!")
    print("Type your queries or 'quit' to exit.")

    while True:
        try:
            query = input("\nQuery: ").strip()

            if query.lower() == 'quit':
                break
```

```
            response = await self.process_query(query)
            print("\n" + response)
            
        except Exception as e:
            print(f"\nError: {str(e)}")

async def cleanup(self):
    """清理资源"""
    await self.exit_stack.aclose()
```

6. 主入口点

添加主要的执行逻辑：

```
async def main():
    if len(sys.argv) < 2:
        print("Usage: python client.py <path_to_server_script>")
        sys.exit(1)
    
    client = MCPClient()
    try:
        await client.connect_to_server(sys.argv[1])
        await client.chat_loop()
    finally:
        await client.cleanup()

if __name__ == "__main__":
    import sys
    asyncio.run(main())
```

我们可以在此处找到完整的 client.py 文件。

关键组件说明如下。

- 初始化客户端：在创建 MCPClient 类时便完成了所有的基础配置，利用 AsyncExitStack 来统一管理异步资源，并预先实例化 Anthropic 客户端，以便后续与 Claude 进行对话交互。
- 连接服务器：程序支持 Python 脚本和 Node.js 脚本作为服务端。它会先检查脚本类型，然后选择相应的启动命令。随后，程序会建立标准输入/输出通信通道，初始化 MCP 会话，并自动列出服务器提供的全部工具。

- 处理查询：系统在 process_query 中保持完整的对话上下文，既解析 Claude 返回的普通文本，也捕获其工具调用请求；然后在 Claude 与服务器工具之间来回传递消息，最终将多轮结果整理成连贯的单一回复。
- 交互界面：当前实现提供了简单的命令行界面。用户输入命令后，程序立即展示处理结果；同时，加入基础的异常捕获功能，保证出错信息友好输出，并允许用户通过输入 quit 命令安全退出。
- 资源管理：将所有网络句柄和异步上下文都托管给 AsyncExitStack。在客户端终止或发生错误时，将调用 cleanup 方法，确保连接被关闭与资源被释放，从而实现优雅停机。

常见定制点如下。

- 工具处理：可以在 process_query 内部扩展对特定工具类型的解析逻辑，为不同工具编写专属的错误处理与输出格式化代码。
- 响应处理：若需要改变展示方式，可自定义工具结果的排版与过滤流程或接入日志模块，对每次交互进行持久化记录与分析。
- 用户界面：除了 CLI，项目也可衍生出 GUI 或 Web 前端；在终端环境中，则可以加入彩色高亮、历史记录或自动补全工具，进一步提升交互体验。

7. 运行客户端

可以使用任意 MCP 服务器运行客户端：

```
uv run client.py path/to/server.py # Python 服务器
uv run client.py path/to/build/index.js # Node 服务器
```

客户端将执行以下操作。

（1）连接指定的服务器。

（2）列出可用的工具。

（3）启动交互式聊天会话，我们可以：

- 输入查询指令；
- 查看工具的执行过程；
- 获得 Claude 的回复。

下面是从服务器快速启动后连接天气服务端时的示例，如图 3-19 所示。

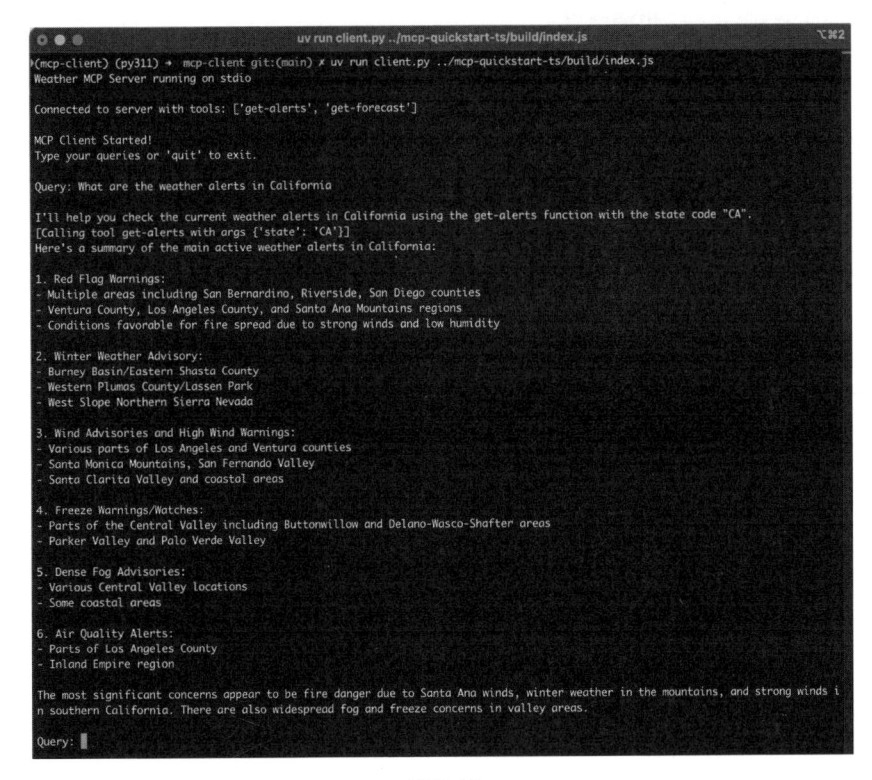

图 3-19

当我们提交查询时，背后执行的操作如下。

（1）客户端从服务器获取可用工具列表。

（2）将我们的查询连同工具描述一起发送给 Claude。

（3）Claude 决定使用哪些工具（如果需要）。

（4）客户端按 Claude 的指示，把所需工具调用请求发给服务器，由后端实际运行这些工具并拿回数据（如果需要）。

（5）将工具调用的结果发回给 Claude。

（6）Claude 提供自然语言响应。

（7）将响应显示给我们。

3.3 MCP 客户端精选

MCP 客户端基础解释详见 3.2 节。MCP 客户端是 AI 应用的"操作台",下面介绍几款热门的 MCP 客户端。

3.3.1 Claude Desktop

Claude Desktop 是 Anthropic 公司推出的官方桌面客户端,支持 Windows 与 macOS 系统,面向所有希望在本地使用 Claude 模型的用户,界面如图 3-20 所示。

核心功能如下。

- 原生集成 MCP,可将 Claude 与文件系统、GitHub 等服务器连接,实现读写文件、创建 Pull Request 等操作。
- 支持自然语言生成 3D 模型(通过 Blender MCP)、代码草稿、内容摘要等多样场景。

Claude Desktop 界面简单,无须编程经验即可使用。首次连接 MCP 服务器时,只需按照提示授予权限即可完成设置。

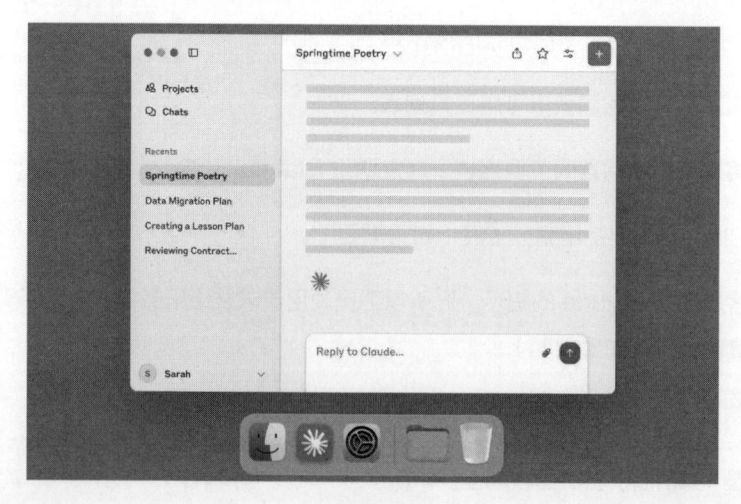

图 3-20

3.3.2　Cherry Studio

Cherry Studio 是一款跨平台（Windows、macOS、Linux）的新兴桌面客户端，强调可视化配置与社区生态，如图 3-21 所示。

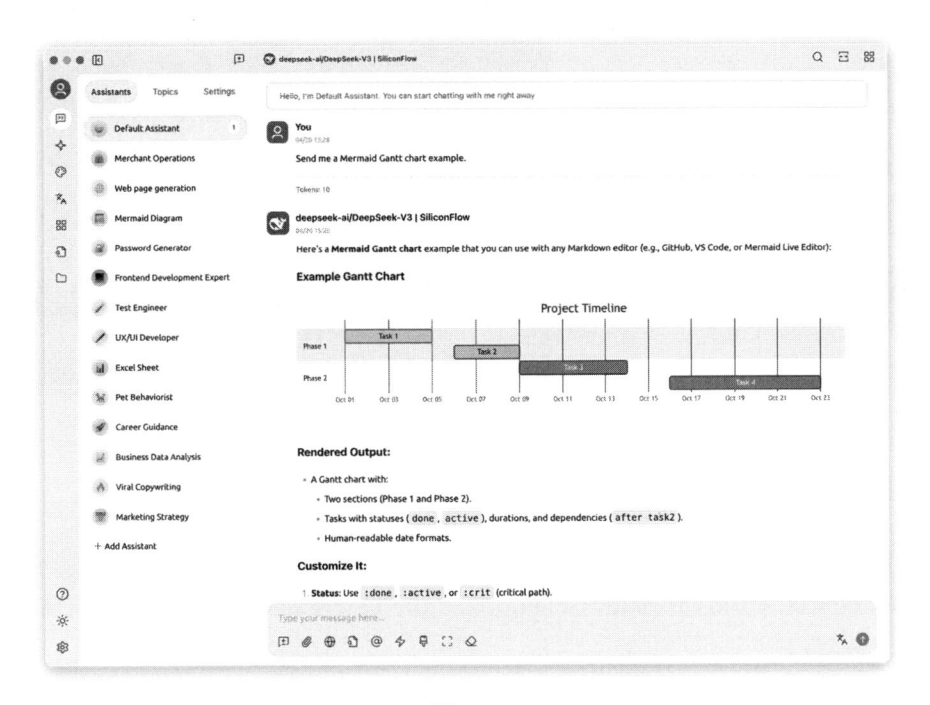

图 3-21

核心功能如下。

- 通过"点选—填写"操作，快速添加 MCP 服务器，无须手动编写 JSON 代码。
- 内置多家主流大模型供应商的 API 配置模板，方便用户快速切换。

Cherry Studio 仍在快速迭代阶段，建议关注其 GitHub Issues，以便及时了解功能更新。

3.3.3　5ire

5ire 是一款开源、跨平台的桌面 AI 助手与 MCP 客户端，主打本地知识库与多服务集成，如图 3-22 所示。

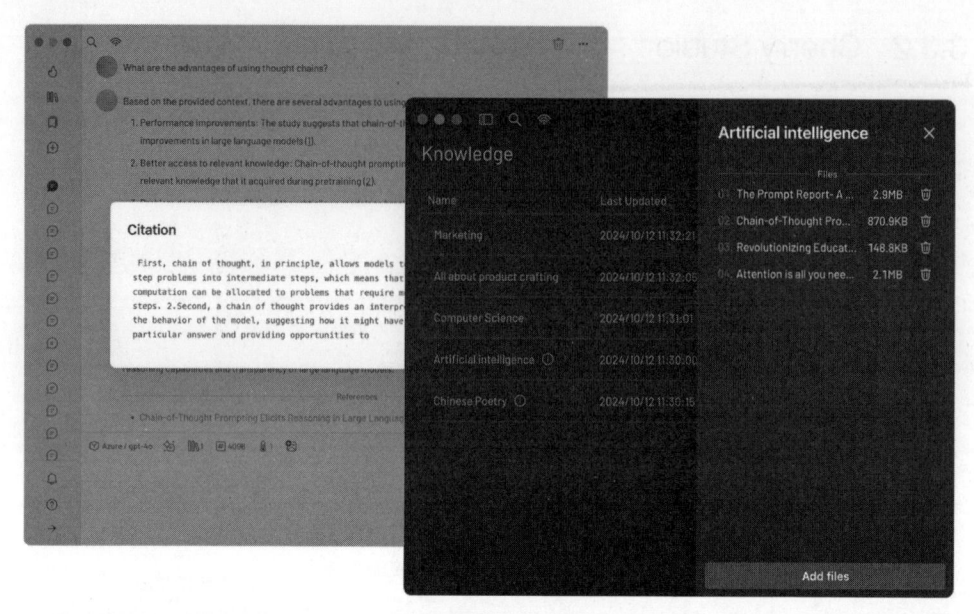

图 3-22

核心功能如下。

- 支持 OpenAI、DeepSeek 等主流 AI 大模型，同时也支持离线使用 Ollama。
- 集成 bge-m3 向量模型，支持 docx、pdf、csv 等文件的向量化检索，实现本地 RAG。
- 附带提示库、书签、全局搜索等效率工具，且完全免费。

5ire 提供 Windows、macOS、Linux 这 3 个平台的安装包，新手可通过内置向导轻松导入第一个知识库。

3.3.4 Cursor

Cursor 是面向程序员的 AI 代码编辑器，通过 MCP 摇身一变，成为连接外部系统的"全能选手"，如图 3-23 所示。

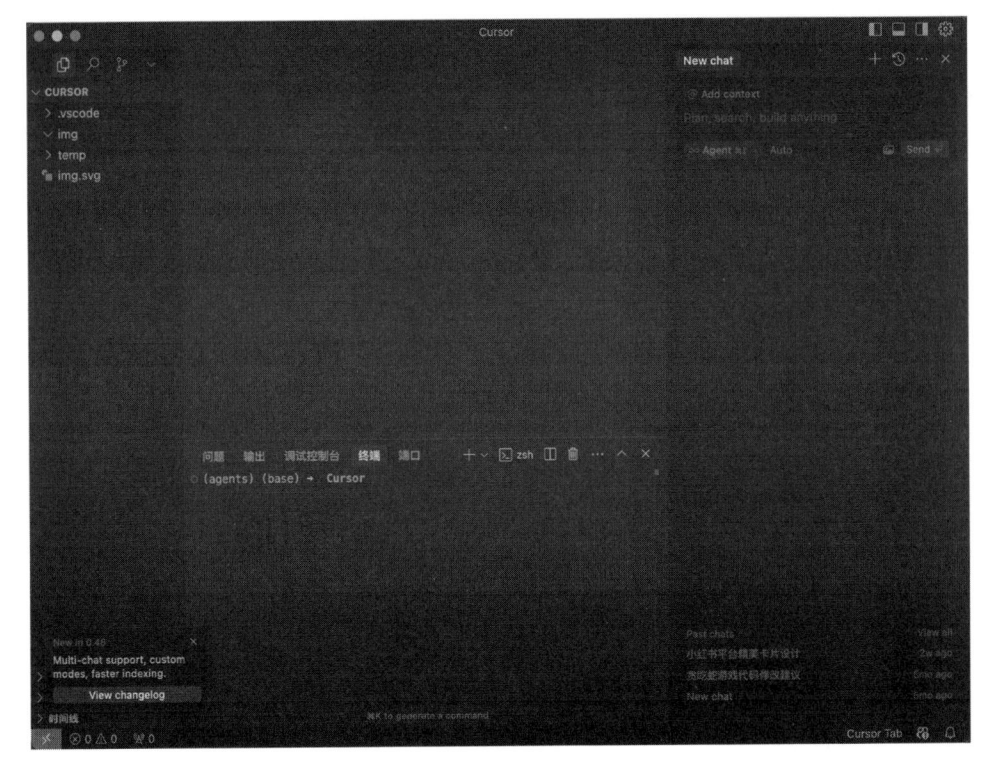

图 3-23

核心功能如下。

- 在本地代码库中，通过自然语言实现代码重构、解释或新函数生成。
- 通过 Composer 界面接入 GitHub、Figma 等平台，自动生成 Issue，读取设计文件等。

Cursor 内置 Slack 集成和图像生成功能，可一键将结果发送给团队沟通渠道。

3.3.5　DeepChat

DeepChat 是开源智能助手，兼顾云端与本地模型，致力于成为"多模型统一入口"，如图 3-24 所示。

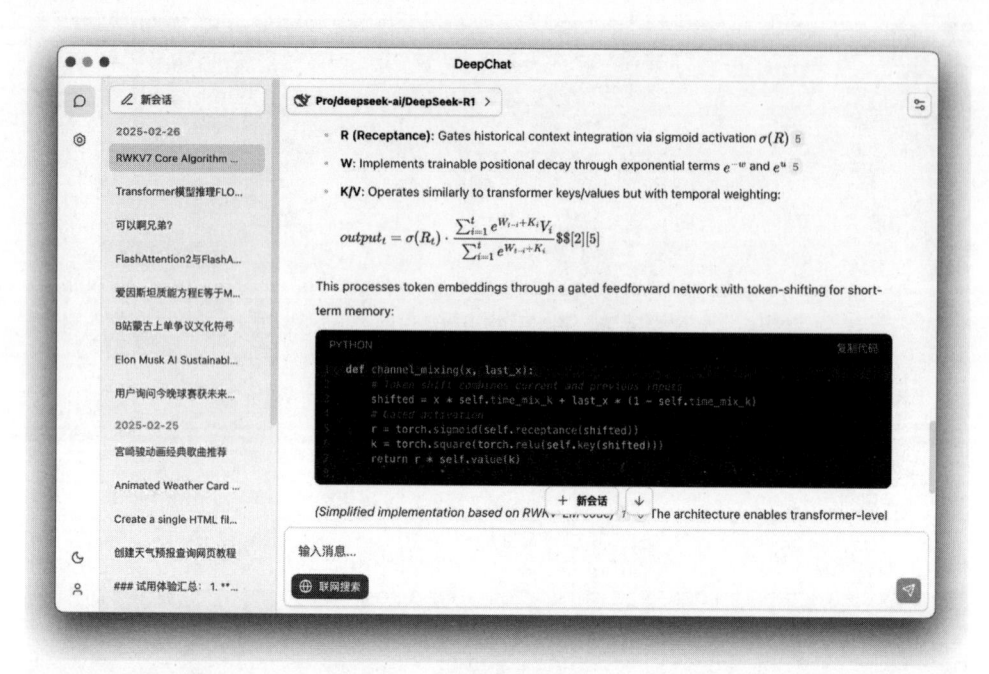

图 3-24

核心功能如下。

- 支持 DeepSeek、OpenAI、Anthropic 等主流云服务，同时可无缝接管 Ollama 本地模型。
- 提供并发多会话、完整 Markdown 渲染、本地文件处理与 MCP 工具调用。

DeepChat 通过"工作流"功能将 MCP 操作与搜索引擎、笔记软件串联，可快速搭建专属自动化流程。

3.3.6　ChatWise

ChatWise 是轻量且注重隐私的桌面聊天助手，所有对话数据默认仅保存在本地，如图 3-25 所示。

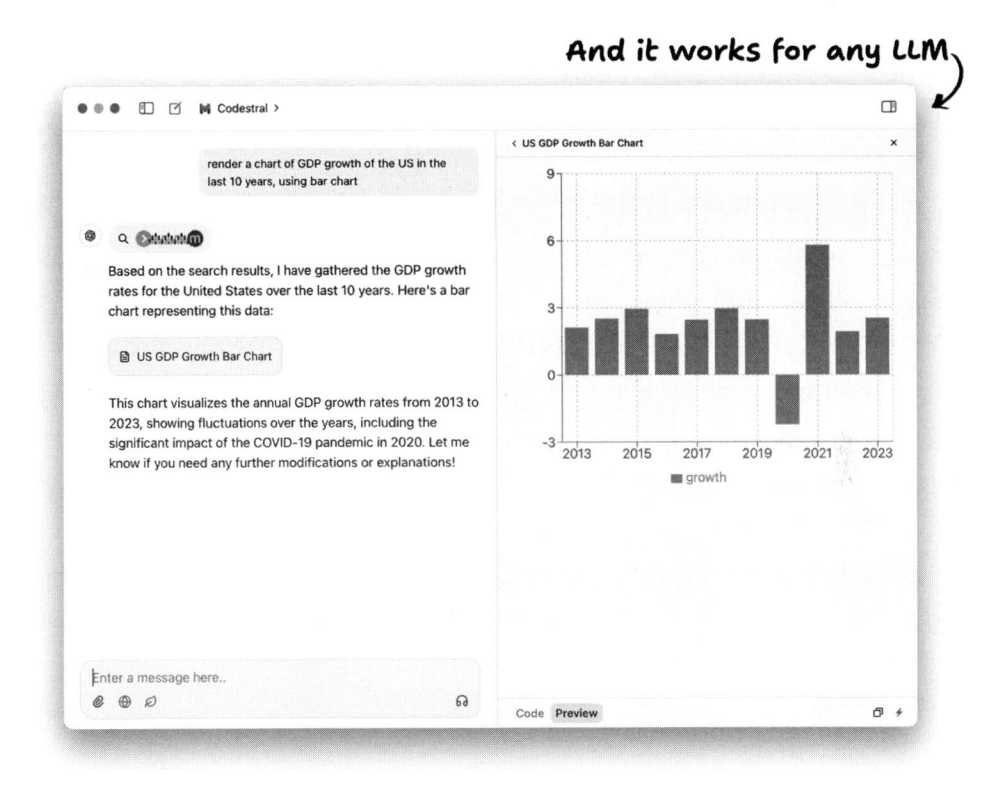

图 3-25

核心功能如下。

- 兼容 GPT-4、Claude、Gemini 等主流大模型。
- 可进行多模态交互，支持语音、PDF、图片、纯文本等多种输入/输出方式。
- 内置网页搜索功能，支持通过 Tavily API 或本地浏览器进行搜索，提供丰富的 MCP 插件，支持 Notion、Google Sheets 等工具集成，还支持实时渲染 HTML、React 组件与图表。

若需要与公司数据打通，可通过自建 MCP 服务器，将内部 API 映射为可调用工具，确保不额外暴露隐私数据。

3.4 自己搭建 MCP 服务器

本节围绕在本地快速搭建并使用 MCP 服务器展开，通过示例演示从环境准备到服务端开发、客户端配置再到与 Claude Desktop 的一键连接的全过程。我们首先在 VSCode 中安装并配置好 uv 工具，用它初始化一个名为 weather 的 Python 项目，创建虚拟环境并安装 MCP（含 CLI）与 HTTPX 依赖；随后编写基于 FastMCP 的天气服务端，暴露 get_alerts 和 get_forecast 两个工具，分别从美国国家气象局获取恶劣天气警报和天气预报；最后，在 Claude Desktop 的配置文件中添加该服务器的启动命令（uv --directory /path/to/weather run weather.py），重启后即可在侧边栏中看到对应的工具并通过自然语言进行天气查询。整个流程涵盖了从项目初始化、依赖管理到服务开发、MCP 接入与客户端验证的关键步骤，帮助读者迅速掌握如何在本地通过 MCP 将自定义服务暴露给大模型。

3.4.1 安装 uv 工具并初始化项目目录

使用 VSCode 作为客户端，将自己编写的 Python 程序文件作为服务端，通过 VSCode 来调用 MCP 服务器。

首先，需要安装 uv 工具。打开 PowerShell，执行以下命令：

```
powershell -ExecutionPolicy ByPass -c "irm
https://******.sh/uv/install.ps1 | iex"
```

工具安装完成后，设置系统环境变量，在 PATH 中添加 uv 工具的安装路径。随后重新打开 PowerShell，输入如下命令：

```
uv --version
```

若能正确显示版本号，说明 uv 工具已成功安装。

接下来，在 PowerShell 中切换到计划创建项目的目录，例如：

```
cd E:/PythonProject
```

随后依次执行以下命令，用于初始化项目、创建虚拟环境并安装依赖：

```
uv init weather              # 初始化名为 weather 的新项目
cd weather                   # 进入项目目录
uv venv                      # 创建虚拟环境
.venv\Scripts\activate       # 在 Windows 下激活虚拟环境（macOS/Linux 下请用
                             # source .venv/bin/activate）
uv add mcp[cli] httpx        # 安装 MCP（含 CLI）及 HTTPX 依赖
new-item weather.py          # 新建 weather.py 文件
```

上述命令实现了以下步骤：使用 uv 工具初始化 weather 项目并自动生成必要的目录结构；进入项目目录后创建并激活虚拟环境，确保依赖与系统环境隔离；通过 uv add 安装 MCP（含 CLI）与 HTTPX 依赖，为后续的 MCP 调用和网络请求做好准备；使用 PowerShell 的 new-item 命令创建空的 weather.py 文件，供编写服务端代码。

可能出现的问题及解决方案如下。

- 如果未提前安装 uv 工具，执行 uv init 命令时会报错。请先运行 pip install uv 命令或使用官方脚本安装 uv 工具。
- 激活虚拟环境的命令在不同的操作系统中略有差异：在 Windows 系统中使用 .venv\Scripts\activate 命令，在 macOS/Linux 系统中使用 source.venv/bin/activate 命令。

new-item 是 PowerShell 专用命令，若在 CMD 或 Bash 环境中执行相关命令则会失败，请确认终端类型或改用等效命令（如 touch weather.py）。

接着编写一个使用 FastMCP 库构建的 Python 应用程序。通过 NWS（National Weather Service）API 获取恶劣天气警报和天气预报，代码如下：

```python
from typing import Any, Optional
import httpx
from mcp.server.fastmcp import FastMCP

# 创建 FastMCP 服务器实例
mcp = FastMCP("weather")

# 常量
NWS_API_BASE = "https://api.weather.gov"
USER_AGENT = "weather-app/1.0"


async def make_nws_request(url: str) -> Optional[dict[str, Any]]:
```

```python
    """向美国国家气象局（NWS）接口发送请求，并做好错误处理。"""
    headers = {
        "User-Agent": USER_AGENT,
        "Accept": "application/geo+json",
    }
    async with httpx.AsyncClient() as client:
        try:
            response = await client.get(url, headers=headers, timeout=30.0)
            response.raise_for_status()
# 当发生4××/5××错误时抛出异常
            return response.json()
        except httpx.HTTPStatusError as e:
            print(f"HTTP 状态码错误：{e}")
        except Exception as e:
            print(f"发生其他错误：{e}")
        return None


def format_alert(feature: dict) -> str:
    """将单条预警信息格式化为易读文本。"""
    props = feature["properties"]
    return f"""
Event: {props.get('event', 'Unknown')}
Area: {props.get('areaDesc', 'Unknown')}
Severity: {props.get('severity', 'Unknown')}
Description: {props.get('description', 'No description available')}
Instructions: {props.get('instruction', 'No specific instructions provided')}
"""


@mcp.tool()
async def get_alerts(state: str) -> str:
    """获取指定州的恶劣天气警报。

    参数：
        state: 两位美国州代码（如CA、NY）
    """
    url = f"{NWS_API_BASE}/alerts/active/area/{state}"
    data = await make_nws_request(url)

    if not data or "features" not in data:
        return "无法获取警报信息或未找到任何警报信息。"
```

```python
    if not data["features"]:
        return "该州目前没有有效的警报信息。"
    
    alerts = [format_alert(feature) for feature in data["features"]]
    return "\n---\n".join(alerts)


@mcp.tool()
async def get_forecast(latitude: float, longitude: float) -> str:
    """根据经纬度获取天气预报。
    
    参数：
        latitude: 纬度
        longitude: 经度
    """
    points_url = f"{NWS_API_BASE}/points/{latitude},{longitude}"
    points_data = await make_nws_request(points_url)
    
    if not points_data:
        return "无法获取此位置的预报信息。"
    
    forecast_url = points_data["properties"]["forecast"]
    forecast_data = await make_nws_request(forecast_url)
    
    if not forecast_data:
        return "无法获取详细预报信息。"
    
    periods = forecast_data["properties"]["periods"]
    forecasts = []
    for period in periods[:5]:  # 仅显示接下来的 5 个时段
        forecast = f"""{period['name']}:
Temperature: {period['temperature']}°{period['temperatureUnit']}
Wind: {period['windSpeed']} {period['windDirection']}
Forecast: {period['detailedForecast']}
"""
        forecasts.append(forecast)
    
    return "\n---\n".join(forecasts)


if __name__ == "__main__":
    # 通过标准输入/输出方式启动服务端
    mcp.run(transport="stdio")
```

这样，一个本地 MCP 服务器就写好了，接着启动服务，如果报错就安装对应的依赖包。

回到 Cline 的 mcp_setting.json 配置文件，向里面添加配置：

```json
{
  "mcpServers": {
    "weather": {
      "command": "uv",
      "args": [
        "--directory",
        "E:\\PythonProject\\weather",
        "run",        "weather.py"
      ]
    }
  }
}
```

对其中的参数说明如下。

- "--directory"：这是一个命令行参数，指定后续路径为工作目录。
- "E:\\PythonProject\\weather"：这是工作目录的具体路径（以项目所在的位置为准），指向 weather 项目目录。注意路径使用了双反斜杠\\，以在 JSON 中正确表示反斜杠。

当 Weathser MCP Server 功能开启时，如图 3-26 所示，我们自己的 MCP 服务就配置成功了。

图 3-26

3.4.2 用 FastMCP 构建天气服务端

本节将构建一个简单的 MCP 天气服务端，并将其连接主机 Claude Desktop。我们将从基本设置开始，然后逐步介绍更复杂的用例。

目前，许多大模型无法获取恶劣天气警报和天气预报。下面让我们使用 MCP 来解决这个问题！

我们将构建一个服务器，其中包括两个工具：get-alerts 和 get-forecast。然后将服务器连接 MCP 主机（在本例中为 Claude Desktop），如图 3-27 所示。

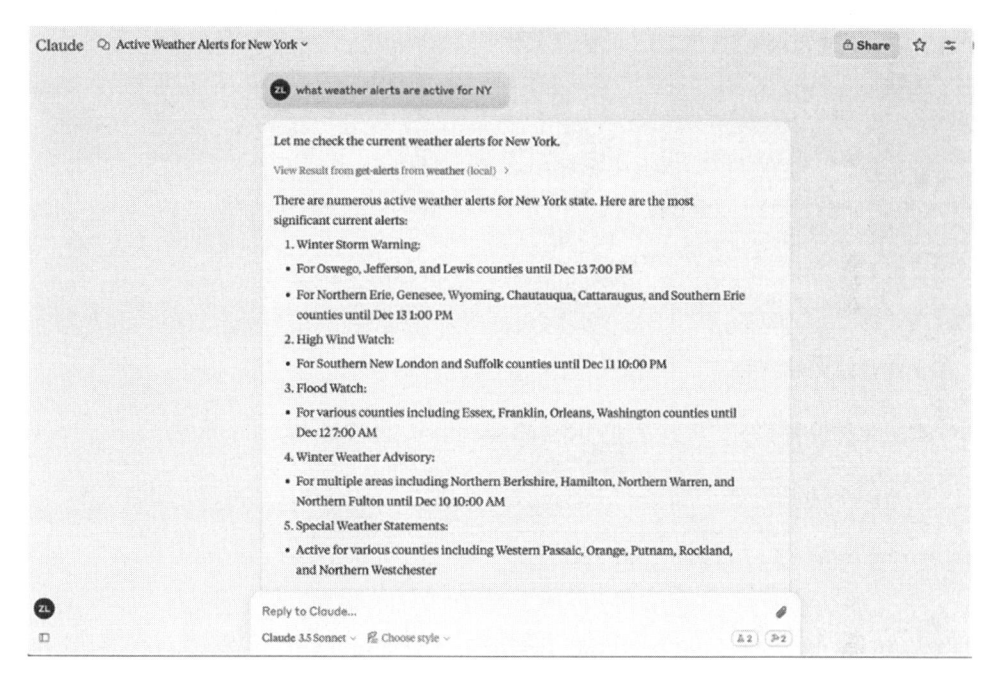

图 3-27

系统要求如下。

- 安装 Python 3.10 或更高版本。
- 必须使用 Python MCP SDK 1.2.0 或更高版本。

首先，让我们安装 uv 工具并设置 Python 项目和环境，如图 3-28 所示。

图 3-28

之后重新启动终端以确保 uv 命令被接收。

创建并设置我们的项目：

```
# 为项目创建新目录
uv init weather
cd weather

# 创建并激活虚拟环境
uv venv
source .venv/bin/activate

# 安装依赖
uv add "mcp[cli]" httpx

# 创建服务端文件
touch weather.py
```

下面开始构建服务端。

导入包并设置实例，将其添加到顶部的 weather.py 文件中：

```
from typing import Any
import httpx
from mcp.server.fastmcp import FastMCP

# 初始化 FastMCP 服务器
mcp = FastMCP("weather")

# 常量
NWS_API_BASE = "https://api.*******.gov"
USER_AGENT = "weather-app/1.0"
```

FastMCP 类使用 Python 类型提示和文档字符串自动生成工具定义，从而轻松创建和维护 MCP 工具。

接下来添加辅助函数来查询和格式化来自中国气象局 API 的数据：

```
async def make_nws_request(url: str) -> dict[str, Any] | None:
    """向 NWS API 发起请求并进行适当的错误处理。"""
    headers = {
        "User-Agent": USER_AGENT,
        "Accept": "application/geo+json"
    }
    async with httpx.AsyncClient() as client:
```

```python
        try:
            response = await client.get(url, headers=headers, timeout=30.0)
            response.raise_for_status()
            return response.json()
        except Exception:
            return None

def format_alert(feature: dict) -> str:
    """将警报要素格式化为可读的字符串。"""
    props = feature["properties"]
    return f"""
Event: {props.get('event', 'Unknown')}
Area: {props.get('areaDesc', 'Unknown')}
Severity: {props.get('severity', 'Unknown')}
Description: {props.get('description', 'No description available')}
Instructions: {props.get('instruction', 'No specific instructions provided')}
"""
```

工具执行处理程序负责实际执行每个工具的逻辑，让我们添加它：

```python
@mcp.tool()
async def get_alerts(state: str) -> str:
    """获取美国某州的天气警报

    参数:
        state: 两位字母的美国州代码（例如 CA、NY）
    """
    url = f"{NWS_API_BASE}/alerts/active/area/{state}"
    data = await make_nws_request(url)

    if not data or "features" not in data:
        return "无法获取警报或未找到警报。"

    if not data["features"]:
        return "该州当前没有活跃警报。"

    alerts = [format_alert(feature) for feature in data["features"]]
    return "\n---\n".join(alerts)

@mcp.tool()
async def get_forecast(latitude: float, longitude: float) -> str:
    """获取指定位置的天气预报
```

```python
    参数：
        latitude: 该位置的纬度
        longitude: 该位置的经度
    """
    # 首先获取预报网格端点
    points_url = f"{NWS_API_BASE}/points/{latitude},{longitude}"
    points_data = await make_nws_request(points_url)

    if not points_data:
        return "无法获取该位置的预报数据。"

    # 从points接口响应中获取预报URL
    forecast_url = points_data["properties"]["forecast"]
    forecast_data = await make_nws_request(forecast_url)

    if not forecast_data:
        return "无法获取详细预报。"

    # 将各时段格式化为可读的预报
    periods = forecast_data["properties"]["periods"]
    forecasts = []
    for period in periods[:5]:  # 仅显示接下来的5个时段
        forecast = f"""
{period['name']}:
Temperature: {period['temperature']}°{period['temperatureUnit']}
Wind: {period['windSpeed']} {period['windDirection']}
Forecast: {period['detailedForecast']}
"""
        forecasts.append(forecast)

    return "\n---\n".join(forecasts)
```

最后，初始化并运行服务端：

```
if __name__ == "__main__":
    mcp.run(transport='stdio')
```

服务端设置完成！运行 uv run weather.py 命令确认一切正常。

下面从现有的 MCP 主机 Claude Desktop 测试服务端。

首先，确保已安装 Claude Desktop。如果已安装 Claude Desktop，请确保将其更新至最新版本。我们需要为想要使用的 MCP 服务器配置 Claude Desktop。为此，请在

~/Library/Application Support/Claude/claude_desktop_ config. json 文本编辑器中打开 Claude Desktop App 配置。如果该文件不存在，请务必创建。

然后，需要在密钥中添加服务端 mcpServers。至少一台服务器正确配置后，MCP UI 元素才会显示在 Claude Desktop 中。

在这种情况下，我们将像如下这样添加单个天气服务端：

```
{
  "mcpServers": {
    "weather": {
      "command": "uv",
      "args": [
        "--directory",
        "/ABSOLUTE/PATH/TO/PARENT/FOLDER/weather",
        "run",            "weather.py"
      ]
    }
  }
}
```

这告诉 Claude for Desktop 以下内容。

（1）有一种名为"weather"的 MCP 服务器。

（2）通过运行以下命令来启动它：

```
uv --directory /ABSOLUTE/PATH/TO/PARENT/FOLDER/weather run weather.py
```

保存文件，然后重新启动 Claude Desktop。

让我们确保 Claude Desktop 能够获得我们在 weather MCP 服务器中公开的两个工具。可以通过查找锤子图标来执行此操作，如图 3-29 所示。

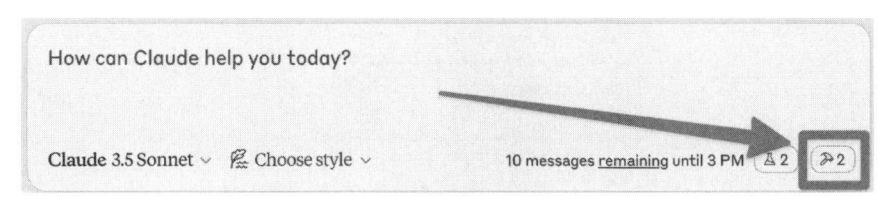

图 3-29

单击锤子图标后，应该能看到列出的两个工具，如图 3-30 所示。

Available MCP Tools

Claude can use tools provided by specialized servers using Model Context Protocol. Learn more about MCP.

get-alerts
Get weather alerts for a state
From server: weather

get-forecast
Get weather forecast for a location
From server: weather

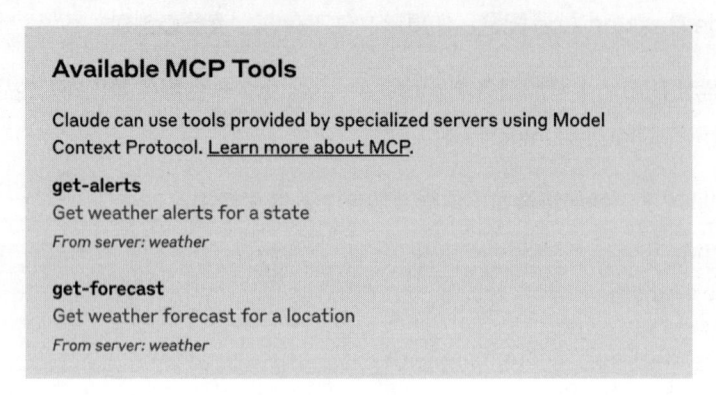

图 3-30

如果我们的服务端未被 Claude Desktop 接收，请继续执行故障排除部分以获取调试提示。

如果出现了锤子图标，可以通过在 Claude Desktop 中输入以下提示词来测试服务端。

- What's the weather in Sacramento（如图 3-31 所示）。
- what weather alerts are active for NY（如图 3-32 所示）。

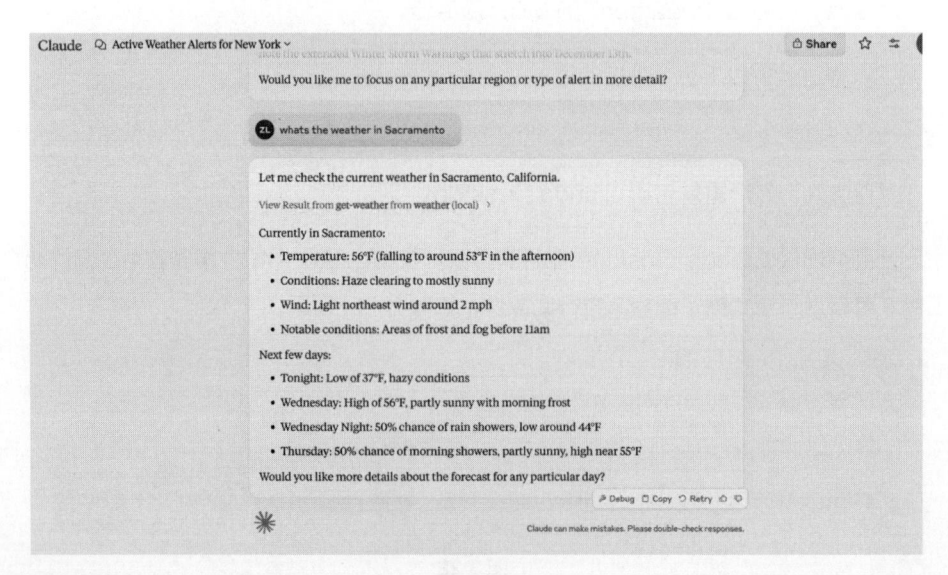

图 3-31

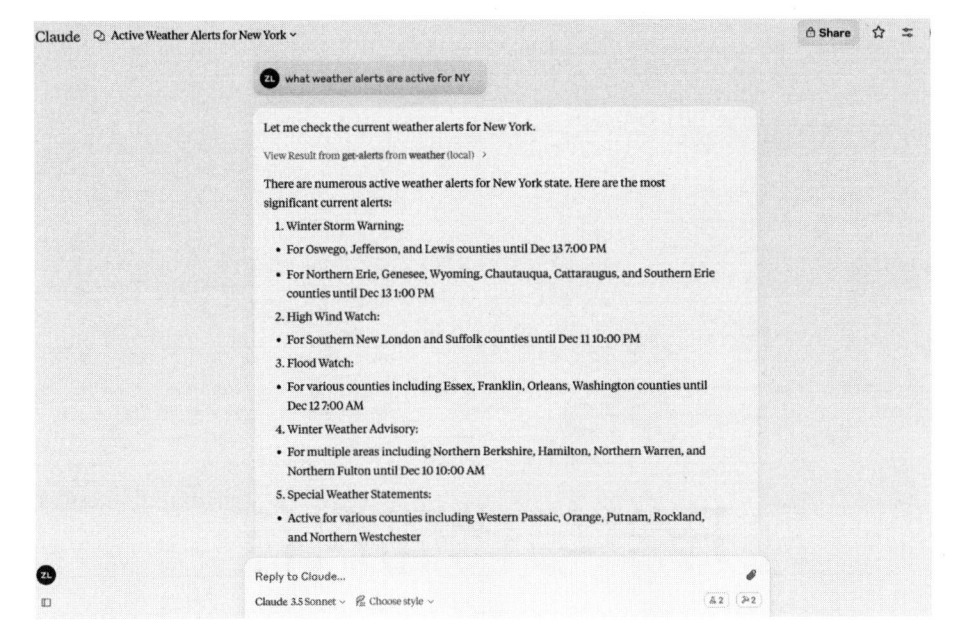

图 3-32

第 4 章
开发与代码执行

- 4.1 Semantic Kernel
- 4.2 MCP Run Python
- 4.3 E2B
- 4.4 JetBrainsMCP
- 4.5 FileScopeMCP

本章介绍 5 种构建和运行多智能体系统所需的核心组件与环境。

Semantic Kernel 作为与模型无关的 SDK，提供从接入任意大模型、构建代理与多代理协作到插件扩展、向量数据库集成及本地部署等一整套企业级功能，并通过 Python、.NET 和 Java 的示例演示快速上手流程和插件化调用。

MCP Run Python 代码沙箱服务在 Deno 沙箱中利用 Pyodide 安全且隔离地执行 Python 脚本，支持自动依赖解析和结构化输出，为编程代理提供了可靠的运行时环境。

E2B 部分基于 Model Context Protocol（MCP）扩展了云沙箱能力，通过轻量级 Firecracker VM 执行 Python 代码，并讲解 API Key 配置、客户端安装、MCP 服务器注册及最小化调用示例，帮助读者快速搭建本地子进程与云沙箱协同的执行链路。

JetBrainsMCP 通过 IDE 插件与本地代理桥接，让大模型在 IntelliJ、PyCharm 等 IDE 中直接打开文件、运行调试，实现"对话即开发"。

FileScopeMCP 扫描代码库生成重要性评分与 Mermaid 依赖图，帮助模型瞬时掌握项目结构。

通过本章内容，读者可学会在本地沙箱、云端 VM、专业 IDE 与代码分析工具之间织起统一的 MCP 调用链，为构建高效、安全、可解释的多智能体系统奠定基础。

4.1　Semantic Kernel

Semantic Kernel 是一个与模型无关的 SDK，旨在帮助开发者构建、编排和部署 AI 代理及多代理系统。无论是构建简单的聊天机器人，还是复杂的多代理工作流，Semantic Kernel 都能提供所需的工具，具备企业级的可靠性和灵活性。

系统要求如下。

- Python：Python 3.10 及以上版本。
- .NET：.NET 8.0 及以上版本。
- Java：JDK 17 及以上版本。
- 支持 Windows、macOS、Linux 操作系统。

主要特性如下。

- **模型灵活性**：可连接任意大模型，内置支持 OpenAI、Azure OpenAI、Hugging Face、NVidia 等。
- **代理框架**：构建模块化 AI 代理，支持访问工具/插件、内存和规划能力。
- **多代理系统**：协调复杂工作流，利用协作的专业代理。
- **插件生态系统**：通过本地代码函数、提示模板、OpenAPI 规范或模型上下文协议（MCP）进行扩展。
- **向量数据库支持**：与 Azure AI Search、Elasticsearch、Chroma 等无缝集成。
- **多模态支持**：处理文本、视觉和音频输入。
- **本地部署**：支持使用 Ollama、LMStudio 或 ONNX 运行。
- **流程框架**：通过结构化工作流方法建模复杂的业务流程。

4.1.1 基础设置

为我们的 AI 服务设置环境变量。

使用 Azure OpenAI 设置环境变量：

```
export AZURE_OPENAI_API_KEY=AAA...
```

或直接使用 OpenAI 设置环境变量：

```
https://**********.feishu.cn/docx/RGDIdSyZJoyr5xxdPZOclluBnDc
```

使用 Python 设置环境变量：

```
pip install semantic-kernel
```

使用 .NET 设置环境变量：

```
dotnet add package Microsoft.SemanticKernel
dotnet add package Microsoft.SemanticKernel.Agents.core
```

4.1.2 示例：多代理协作系统与插件集成

以下示例使用 Python 进行基本代理。创建一个简单的助手，响应用户提示。

使用 Python 实现：

```python
import asyncio
from semantic_kernel.agents import ChatCompletionAgent
from semantic_kernel.connectors.ai.open_ai import AzureChatCompletion

async def main():
    # 初始化一个具有基本指令的聊天代理
    agent = ChatCompletionAgent(
        service=AzureChatCompletion(),
        name="SK-Assistant",
        instructions="You are a helpful assistant.",
    )

    # 获取用户消息的响应
    response = await agent.get_response(messages="Write a haiku about Semantic Kernel.")
    print(response.content)

asyncio.run(main())
```

程序输出：

```
Language's essence,
Semantic threads intertwine,
Meaning's core revealed.
```

使用 .NET 进行基本代理：

```csharp
using Microsoft.SemanticKernel;
using Microsoft.SemanticKernel.Agents;

var builder = Kernel.CreateBuilder();
builder.AddAzureOpenAIChatCompletion(
    Environment.GetEnvironmentVariable("AZURE_OPENAI_DEPLOYMENT"),
    Environment.GetEnvironmentVariable("AZURE_OPENAI_ENDPOINT"),
    Environment.GetEnvironmentVariable("AZURE_OPENAI_API_KEY")
    );
var kernel = builder.Build();

ChatCompletionAgent agent =
```

```
    new()
    {
        Name = "SK-Agent",
        Instructions = "You are a helpful assistant.",
        Kernel = kernel,
    };
await foreach (AgentResponseItem<ChatMessageContent> response
    in agent.InvokeAsync("Write a haiku about Semantic Kernel."))
{
    Console.WriteLine(response.Message);
}

// 输出：
// Language's essence,
// Semantic threads intertwine,
// Meaning's core revealed.
```

以下展示了如何使用插件化的 Python 代理。通过自定义工具（插件）和结构化输出增强我们的代理：

```
import asyncio
from typing import Annotated
from pydantic import BaseModel
from semantic_kernel.agents import ChatCompletionAgent
from semantic_kernel.connectors.ai.open_ai import AzureChatCompletion,
OpenAIChatPromptExecutionSettings
from semantic_kernel.functions import kernel_function, KernelArguments

class MenuPlugin:
    @kernel_function(description="提供菜单中的特色菜列表。")
    def get_specials(self) -> Annotated[str, "返回菜单中的特色菜。"]:
        return """
        Special Soup: Clam Chowder
        Special Salad: Cobb Salad
        Special Drink: Chai Tea
        """

    @kernel_function(description="返回指定菜单项的价格。")
    def get_item_price(
        self, menu_item: Annotated[str, "菜单项的名称。"]
    ) -> Annotated[str, "返回菜单项的价格。"]:
        return "$9.99"
```

```python
class MenuItem(BaseModel):
    price: float
    name: str

async def main():
    # 配置结构化输出格式
    settings = OpenAIChatPromptExecutionSettings()
    settings.response_format = MenuItem

    # 创建插件化和设置的代理
    agent = ChatCompletionAgent(
        service=AzureChatCompletion(),
        name="SK-Assistant",
        instructions="You are a helpful assistant.",
        plugins=[MenuPlugin()],
        arguments=KernelArguments(settings)
    )

    response = await agent.get_response(messages="What is the price of the soup special?")
    print(response.content)

    # 输出：
    # The price of the Clam Chowder, which is the soup special, is $9.99.

asyncio.run(main())
```

使用插件化的.NET 代理：

```csharp
using System.ComponentModel;
using Microsoft.SemanticKernel;
using Microsoft.SemanticKernel.Agents;
using Microsoft.SemanticKernel.ChatCompletion;

var builder = Kernel.CreateBuilder();
builder.AddAzureOpenAIChatCompletion(
    Environment.GetEnvironmentVariable("AZURE_OPENAI_ DEPLOYMENT"),
    Environment.GetEnvironmentVariable("AZURE_OPENAI_ ENDPOINT"),
    Environment.GetEnvironmentVariable("AZURE_OPENAI_ API_KEY")
        );
var kernel = builder.Build();

kernel.Plugins.Add(KernelPluginFactory.CreateFromType<MenuPlugin>());
```

```csharp
ChatCompletionAgent agent =
    new()
    {
        Name = "SK-Assistant",
        Instructions = "You are a helpful assistant.",
        Kernel = kernel,
        Arguments = new KernelArguments(new PromptExecutionSettings()
{ FunctionChoiceBehavior = FunctionChoiceBehavior.Auto() })

    };

await foreach (AgentResponseItem<ChatMessageContent> response
    in agent.InvokeAsync("What is the price of the soup special?"))
{
    Console.WriteLine(response.Message);
}

sealed class MenuPlugin
{
    [KernelFunction, Description("提供菜单中的特色菜列表。")]
    public string GetSpecials() =>
        """
        Special Soup: Clam Chowder
        Special Salad: Cobb Salad
        Special Drink: Chai Tea
        """;

    [KernelFunction, Description("返回指定菜单项的价格。")]
    public string GetItemPrice(
        [Description("菜单项的名称。")]
        string menuItem) =>
        "$9.99";
}
```

以下展示了如何使用 Python 多代理系统。构建一个可以协作的专业代理系统：

```python
import asyncio
from semantic_kernel.agents import ChatCompletionAgent
from semantic_kernel.connectors.ai.open_ai import AzureChatCompletion, OpenAIChatCompletion

billing_agent = ChatCompletionAgent(
    service=AzureChatCompletion(),
    name="BillingAgent",
```

```python
    instructions="处理账单问题，如费用、支付方式、周期、费用差异和支付失败等。"
)

refund_agent = ChatCompletionAgent(
    service=AzureChatCompletion(),
    name="RefundAgent",
    instructions="协助用户处理退款查询，包括资格、政策、处理和状态更新等。"
)

triage_agent = ChatCompletionAgent(
    service=OpenAIChatCompletion(),
    name="TriageAgent",
    instructions="评估用户请求，并将它们转发给BillingAgent或RefundAgent，以获得针对性的帮助。"
    "将代理提供的任意信息都包含在完整的答案中并提供给用户。",
    plugins=[billing_agent, refund_agent],
)

thread: None

async def main() -> None:
    print("欢迎使用聊天机器人！\n  输入'exit'退出。\n  尝试获取一些账单或退款帮助。")
    while True:
        user_input = input("用户:> ")

        if user_input.lower().strip() == "exit":
            print("\n\n正在退出聊天……")
            return False

        response = await triage_agent.get_response(
            messages=user_input,
            thread=thread,
        )

        if response:
            print(f"代理 :> {response}")
```

输出示例：

代理 :> 我了解到您上个月的订阅被重复收费了，我将协助您解决这个问题。接下来我们需要做以下几件事：
1.账单查询：
请提供与您的订阅关联的电子邮件地址或账户号码、收费日期以及收费金额。这将使账单团队

> 能够调查收费差异。
> 2. 退款流程：
> 对于退款，请确认您的订阅类型以及与您的账户关联的电子邮件地址。
> 提供您认为重复的收费的日期和交易 ID。
> 一旦我们有了这些详细信息，我们将能够：
> 检查您的账单历史记录，查看是否存在任何差异。
> 确认是否存在重复收费。
> 如果符合条件，为重复支付的款项发起退款。退款流程。

4.2 MCP Run Python

MCP Run Python 是 Pydantic 出品的，在安全的沙箱环境中运行 Python 代码，适合开发编程代理。

4.2.1 基础设置

1. 准备运行环境

MCP Run Python 依赖 Deno 运行时，可通过指令 deno install 或系统包管理器一键安装。

Deno 默认拒绝磁盘、网络等敏感操作，需要显式传入 --allow-net、--allow-read、--allow-write 等标志来开启。

理解 node_modules 目录：

```
--node-modules-dir=auto
```

该命令会在当前目录生成并复用 node_modules，以加速 Pyodide 依赖缓存。

2. 一键启动服务器

相关代码如下：

```
deno run \
  -N -R=node_modules -W=node_modules --node-modules-dir=auto \
  jsr:@pydantic/mcp-run-python stdio
```

-N -R=node_modules 和 -W=node_modules 表示分别打开网络权限与对 node_modules 的读写权限，以便 Pyodide 下载并缓存 Python 标准库与第三方包。

jsr:@pydantic/mcp-run-python 表示直接从 JSR 注册表拉取官方二进制包并运行。

最后的 stdio 用于指定采用标准输入/输出作为传输层，适合本地子进程集成；若需要远程 HTTP，可改为 SSE。

若想提前缓存 Pyodide，可将 stdio 替换为 warmup，服务器会执行最小脚本来完成预热。

3. 安全与隔离

MCP Run Python 内部使用 Pyodide 将 CPython 编译为 WebAssembly，在 Deno 沙箱里运行，从而彻底阻隔宿主系统。

4.2.2 示例：安全沙箱的集成与调用

以下示例展示了如何在 PydanticAI 中配置并调用 MCP Run Python。所有中文注释已嵌入代码，方便读者理解。示例默认模型为 Claude 3.5 haiku-latest，可按需替换。

使用 Python 实现：

```python
from pydantic_ai import Agent
from pydantic_ai.mcp import MCPServerStdio
import asyncio
import logfire

# 配置 logfire，便于观察运行时日志
logfire.configure()
logfire.instrument_mcp()
logfire.instrument_pydantic_ai()

# 创建 MCP 服务器实例，底层通过 deno 启动 jsr:@pydantic/mcp-run-python
server = MCPServerStdio(
    'deno',
    args=[
        'run',
        '-N',                    # 允许网络访问
```

```
        '-R=node_modules',     # 允许读取 node_modules
        '-W=node_modules',     # 允许写入 node_modules
        '--node-modules-dir=auto',
        'jsr:@pydantic/mcp-run-python',
        'stdio',               # 采用标准输入/输出方式
    ],
)

# 创建 Agent，并将 MCP 服务器注入
agent = Agent('claude-3-5-haiku-latest', mcp_servers=[server])

async def main():
    # 启动 MCP 服务器，并自动在退出时关闭
    async with agent.run_mcp_servers():

# 调用大模型，让其使用 run_python_code 计算日期差
        result = await agent.run('2000-01-01 到 2025-03-18 一共多少天？')
        print(result.output)   # 输出：9208

if __name__ == '__main__':
    asyncio.run(main())
```

该示例做了以下工作。

- 通过 MCP Server Stdio 启动沙箱。
- Agent 在接收到自然语言任务时，自动调用 run_python_code 工具，把日期计算逻辑发送给 Pyodide 沙箱执行。
- 依赖（此处为标准库 datetime）由 MCP 自动解析并下载，成功后以 XML 结构返回状态、依赖、stdout 与返回值。

在默认情况下，依赖会根据导入语句自动推断；若需要显式指定包版本，则请在脚本开头按 PEP 723 规范添加 "# /// script" 元数据块。

若发生依赖安装错误或运行错误，status 字段将分别返回 install-error 或 run-error，并附带完整回溯，方便调试。

完成以上几步，我们就拥有了一个能在任意平台上安全运行 Python 代码，并可与大模型代理无缝协作的沙箱环境，为多智能体系统、数据分析或动态工具链提供了坚实基础。

4.3 E2B

通过 MCP，赋予了 Claude（一个 AI 助手）在 E2B 环境中运行代码的能力。可直接将 Server 作为子进程常驻本地，负责解析 MCP run_python_code 等指令并调用执行 E2B Sandbox Cloud；云沙箱基于轻量 FirecrackerVM，默认存活 5 分钟，可通过 timeout 参数调整。

4.3.1 基础设置

1. 获取并配置 API Key

在 E2B Dashboard 上复制个人 API Key（注册新账号将额外赠送$100 额度）。

将其写入.env 文件或系统环境变量：

```
E2B_API_KEY=e2b_******
```

2. 安装服务器依赖

Python 安装命令：

```
uv install e2b-mcp-server
```

使用 uv 工具并行安装 e2b-mcp-server，速度快，对系统资源的占用较少。

JavaScript 安装命令：

```
https://**********.feishu.cn/docx/RGDIdSyZJoyr5xxdPZOclluBnDc
```

全局安装，使用 Node 18 及以上版本即可。

Smithery 一键安装：

```
npx @smithery/cli install e2b --client claude
```

3. 在 Claude Desktop 上注册 MCP 服务器

Mac 版配置文件的存储路径为 ~/Library/ApplicationSupport/Claude/claude_desktop_ config.json：

```json
{
  "mcpServers": {
    "e2b-mcp-python": {
      "command": "uvx",                         // 启动命令
      "args": ["e2b-mcp-server"],               // 入口脚本
      "env": { "E2B_API_KEY": "${e2bApiKey}" }  // 注入密钥
    }
  }
}
```

同一路径在 Windows 系统中为 %APPDATA%/Claude/claude_desktop_config.json。

4.3.2 示例：云沙箱的 Python 调用链路

以下示例展示了最小化的 Python 调用链路：

Claude→MCPClient→E2B 沙箱→返回结果。

使用 Python 实现：

```python
# -*- coding: utf-8 -*-
"""演示：使用 E2B MCP Server 在云沙箱上执行 Python 代码"""
import os, asyncio
from e2b_mcp_client import MCPClient  # 假设使用官方 SDK

API_KEY = os.getenv("E2B_API_KEY")  # 请先在环境变量中设置密钥

# 创建 MCPClient，内部会自动启动 e2b-mcp-server 子进程
client = MCPClient(
    server_command="uvx",  # uvx 类似 python -m，其是为 uv 安装包设计的
    server_args=["e2b-mcp-server"],
    env={"E2B_API_KEY": API_KEY},  # 传递沙箱鉴权
)

# 待执行脚本：这里计算 10 的阶乘
CODE = """
import math
def factorial(n: int) -> int:
    return math.factorial(n)

result = factorial(10)
print("10! =", result)
```

```
"""
async def main():
    async with client:                          # 自动管理子进程生命周期
        resp = await client.run_python_code(CODE)   # 调用沙箱执行
        print("沙箱标准输出:", resp.stdout)

if __name__ == "__main__":
    asyncio.run(main())
```

MCPClient 通过标准输入/输出方式与本地 e2b-mcp-server 子进程通信，后者会把脚本发送给云沙箱。

云沙箱在隔离 VM 内执行脚本；若需要更长的会话，则可在创建会话时传入 timeoutMs 来调整会话存活时长。

脚本执行完成后返回 stdout、stderr、returnValue、status 字段，方便解析模型或业务逻辑。

退出 async with 块就会自动关闭本地子进程，云沙箱若超时未手动销毁，则会在默认的 5 分钟后自动销毁。

> **提示** 如果需要让云沙箱预安装第三方包，可按照官方指南创建自定义模板并在 e2b.Dockerfile 中声明依赖，然后将 template_id 作为参数传入云沙箱。

通过以上步骤，我们就完成了 E2B MCP Server 的安装、注册与首个脚本运行，并掌握了常见的调试及扩展方法。后续可在同一沙箱中进行文件上传/下载、长时间任务或多步推理，为智能体带来真正的"可执行记忆与动作"能力。

4.4 JetBrainsMCP

JetBrainsMCP 代理服务器项目为 IntelliJ IDEA、PyCharm、WebStorm 及 Android Studio 等 JetBrains IDE 提供了 Model Context Protocol（MCP）支持。它通过内置插件与本地 Web 服务桥接，使大模型能够安全地调用 IDE 工具、读取文件、执行代码及进行调试。

4.4.1 基础设置

1. 安装 IDE 插件

在 IDE 中打开 Settings→Plugins，搜索 MCP Server 并安装，安装后需要重启 IDE。从 JetBrains Marketplace 安装，可确保插件与 IDE 的兼容性最佳。

2. 插件原理与内置 Web 服务

安装插件后，IDE 会在本地启动一个 WebServer（默认监听 6365 端口），该服务用于接收 MCP Proxy 的请求并调用 IDE 的内部 API 进行操作。

3. 安装客户端代理

在支持 MCP 的客户端(如 Claude Desktop)侧，需要安装@jetbrains/ mcp-proxy 包：

```
https://**********.feishu.cn/docx/RGDIdSyZJoyr5xxdPZOclluBnDc
```

以上代码会自动拉取代理并启动，与 IDE 端插件形成完整通信链路。

4. 配置客户端

以 Claude Desktop 为例，在 claude_desktop_config.json 文件中添加：

```
{
  "mcpServers": {
    "jetbrains": {
      "command": "npx",                            // 调用全局 npx
      "args": ["-y","@jetbrains/mcp-proxy"],// 启动代理
      "env": {
        "IDE_PORT":"6365",                         // IDE 内置 WebServer 端口
        "HOST":"127.0.0.1",                        // IDE 主机地址
        "LOG_ENABLED":"true"                       // 开启调试日志
      }
    }
  }
}
```

保存文件并重启客户端后，侧边栏中会出现锤子图标，点击即可连接 IDE。

5. 多 IDE 并行连接

若需要同时控制多个 IDE，可在每个 IDE 中设置不同的 IDE_PORT，并在客户端配置中为每个实例指定唯一名称与对应端口，实现并行管理。

6. 构建与调试

如果需要从源码构建：

```
# macOS 示例
brew install node pnpm                    # 安装运行时与包管理器
git clone https://******.com/JetBrains/mcp-jetbrains.git
cd mcp-jetbrains
pnpm build                                # 编译 TypeScript 源码
```

编译产物位于 dist/ 目录，可用于自定义调试。

4.4.2 示例：在 Claude Desktop 中连接 IDE 并列出工具

用户希望使用 Claude Desktop 与本地 IDE 建立 MCP 连接，并在对话中列出 IDE 提供的所有 MCP 工具，以便在聊天中直接调用编辑、调试或其他 IDE 功能。

1. 启动 IDE 与插件

打开 IntelliJ IDEA 或其他 JetBrains IDE，确认已安装并启用了 MCP 服务器插件。安装方式与 3.1.3 节类似。

2. 配置并运行代理

在本地终端执行：

```
npx -y @jetbrains/mcp-proxy
```

或在 Claude 配置中使用 uvx mcp-proxy 替代 npx，以避免全局包冲突。

3. 配置 Claude Desktop

编辑 claude_desktop_config.json 文件内容：

```
{
  "mcpServers": {
```

```json
  "jetbrains": {
   "command":"npx",
   "args":["-y","@jetbrains/mcp-proxy"],
   "env":{
     "IDE_PORT":"6365",
     "HOST":"127.0.0.1"
   }
  }
 }
}
```

保存文件并重启 Claude Desktop，使配置生效。

4. 列出可用工具

在 Claude 对话框中输入：

列出所有可用的 MCP 工具

Claude 会向 http://127.0.0.1:6365/api/mcp/list_tools 发送请求，IDE 端插件接收到请求后会返回 JSON 数组，如下：

["open_file","navigate","find_usages","run_configuration",…]

Claude 将结果以可读列表形式展示给用户，用户可直接发送工具调用命令，如下：

使用 open_file 打开 src/Main.kt。

5. 后续操作

用户可在对话中继续调用其他工具，如通过 run_configuration 运行项目或通过 find_usages 查找方法引用，所有操作均在 IDE 中即时执行，并将返回值反馈给用户。通过以上步骤，用户无须离开对话界面即可完成 IDE 功能调用，从而显著提升开发与调试效率。

4.5 FileScopeMCP

FileScopeMCP 是一款基于 TypeScript 的 MCP 服务器，它通过扫描项目代码库中的依赖关系，为每个源文件生成 0~10 的"重要性评分"，并支持多语言双向依赖跟踪与

Mermaid 图表可视化，从而帮助 AI 助手快速理解项目结构与关键文件。此外，它允许在对话中为任意文件添加与检索摘要，并对多个项目目录进行管理，所有数据均以 JSON 格式持久化到本地磁盘，保证重启后可快速恢复分析结果。

4.5.1 基础设置

1. 克隆仓库

克隆仓库的代码如下：

```
git clone https://******.com/admica/FileScopeMCP.git
cd FileScopeMCP
```

2. 安装依赖

使用 pnpm 或 npm 安装项目依赖：

```
pnpm install    # 或者使用 npm install
```

3. 构建项目

在 Linux/macOS 上运行：

```
./build.sh        # 构建 TypeScript 源码并生成 mcp-server.js
```

在 Windows 上运行：

```
build.bat         # 使用批处理脚本完成构建
```

项目构建完成后，可在项目目录中找到生成的 mcp-server.js 及相关依赖文件。

4. 配置客户端

在项目根目录下创建或更新 .cursor/mcp.json，添加如下配置：

```
{
  "mcpServers": {
    "FileScopeMCP": {
      "command": "node",
      "args": [
        "/path/to/FileScopeMCP/mcp-server.js",    // 指向构建产物
        "--base-dir=/path/to/your/project"        // 要分析的项目根目录
```

```
    ],
    "transport": "stdio",
    "disabled": false,
    "alwaysAllow": []
  }
}
```

将--base-dir 替换为实际项目路径后，保存文件并启动 Cursor 等客户端，即可自动加载 FileScopeMCP。

5. 验证服务

客户端会调用诸如 list_saved_trees、list_files 等工具，当收到 JSON 响应并列出可用工具后，表示服务已正常就绪。

4.5.2 示例：生成项目依赖图

以下示例展示了如何在对话中通过 FileScopeMCP 生成项目依赖的 Mermaid 图，并将其输出为可直接在浏览器中打开的 HTML 文件。

使用 JavaScript 实现：

```
// 第 1 步：创建项目文件树，并将其持久化到 project-tree.json 中
create_file_tree(
  filename:"project-tree.json",              // 保存依赖树的 JSON 文件
  baseDirectory:"/path/to/your/project"      // 指定要分析的项目目录
);

// 第 2 步：生成依赖图，限制最大深度为 3，输出 HTML 文件
generate_diagram(
  style:"dependency",                        // 依赖图模式
  maxDepth:3,                                // 最大递归深度
  outputPath:"diagrams/dependency-graph.html", // 输出 HTML 路径
  outputFormat:"html"                        // 输出格式：html 或 mmd
);

// 第 3 步：输出结果路径
console.log("Diagram generated at diagrams/dependency-graph.html");
```

以上代码将在当前工作目录下生成 project-tree.json 和 diagrams/dependency-graph.html，我们可以直接在浏览器中打开该 HTML 文件查看交互式依赖图。如果需要过滤关键文件，可在 generate_diagram 中添加 minImportance 或切换 style 为 hybrid，进一步调整可视化效果。

第 5 章
浏览器的自动化

- 5.1 PlaywrightMCP
- 5.2 BrowserbaseMCP
- 5.3 PuppeteerMCP
- 5.4 ApifyActorsMCP
- 5.5 FirecrawlMCP

本章介绍浏览器自动化与网页数据抓取的五大 MCP 服务器。

PlaywrightMCP 将 Playwright 封装为 MCP 服务，支持多引擎（Chromium、Firefox、WebKit 等）、ARIA 快照与截图两种模式，可通过 CLI、VSCode 插件或 Docker 部署，也可嵌入 Node 应用，适合智能体网页导航、表单填写和数据抽取。

BrowserbaseMCP 依托云端无头浏览器基础设施，通过标准化的 browser_*工具集让大模型在隔离环境中完成导航、表单交互、截图与脚本注入，无须自建集群，并支持实时监控与多框架协同。

PuppeteerMCP 则将 Google Puppeteer 封装为 MCP 接口，智能体可调用 puppeteer_*工具进行导航、点击、截图和执行任意 JavaScript 代码，支持通过标准输入/输出或 SSE 方式通信、GUI 或无头模式及 Docker 部署，从而让"操控真实浏览器"变得像调用函数一样简单。

ApifyActorsMCP 把任意 Apify Actor 包装成可发现的 MCP 工具，支持安全可审计的搜索、抓取与结构化提取。

FirecrawlMCP 集成 Firecrawl 渲染爬虫，提供 firecrawl_scrape 与 batch_scrape 等工具，npx 命令可秒级启动。

通过本章内容，读者可学会为大模型配备本地与云端浏览器及爬虫链路，让智能体真正具备"读网页、点按钮、抓数据"的执行力。

5.1 PlaywrightMCP

PlaywrightMCP 将 Playwright 的自动化能力包装成 MCP 服务，支持 Chromium、Firefox、WebKit 等多种浏览器，并提供 Snapshot 与 Vision 两种交互模式，前者基于 ARIA 快照进行元素定位，后者基于截图处理坐标。它可通过 CLI、VSCode 或 Docker 快速部署，也能作为库按需嵌入 Node 应用，常用于智能体网页导航、表单填写、数据抽取与测试生成等场景。

5.1.1 基础设置

1. 环境准备

Node 16 及以上版本：PlaywrightMCP 以 TypeScript 编写，运行时依赖 Node。

浏览器安装：首次启动时会自动下载对应的浏览器；若网络受限，可预先执行 npx @playwright/mcp install 进行离线安装。

2. 全局安装与 CLI 启动

相关代码如下：

```
# 通用方式：使用 NPX 拉起最新版本
npx @playwright/mcp@latest

# 指定无头模式
npx @playwright/mcp@latest --headless
```

CLI 还支持 --browser、--vision、--port 等十余个参数，方便选择引擎、模式与 SSE 传输端口。

3. VSCode 或 Copilot 集成

通过一条命令将 MCP 服务器注册到 VSCode 的 MCP 服务器列表中：

```
# 通过一条命令将 MCP 服务器注册到 VSCode 的 MCP 服务器列表中
code --add-mcp
'{"name":"playwright","command":"npx","args":["@playwright/mcp@latest"]}'
```

注册完成后，Copilot 或其他 MCP 客户端即可调用该服务器与浏览器交互。

4. Docker 方案

若需要在持续集成（CI）环境或云端批量运行任务，可直接拉取官方镜像。当前仅支持 Headless Chromium：

```
{
  "mcpServers": {
    "playwright": {
      "command": "docker",
```

```
      "args": ["run","-i","--rm","--init","mcp/playwright"]
    }
  }
}
```

5.1.2 示例：基于无头浏览器与网页交互

以下示例展示了如何在自建 Node 脚本内以编程的方式启动 PlaywrightMCP 并操控网页。

使用 Python 实现：

```
// 启动 PlaywrightMCP 并演示基本操作
import {createServer} from '@playwright/mcp';       // 引入服务器工厂
import {SSEServerTransport} from '@modelcontextprotocol/sdk/server/sse.js';

(async () => {
  // 创建无头浏览器服务器
  const mcpServer = await createServer({headless:true});
  // headless=true 代表无 GUI
  // 本例内置标准输入/输出方式；如果需要使用 SSE，可按需替换
  await mcpServer.connect();                  // 建立传输通道

  // 1) 打开新标签并导航
  await mcpServer.executeTool('browser_tab_new',{}); await
mcpServer.executeTool('browser_navigate',{url:'https://example.com'}
);

  // 2) 获取可访问性快照并打印
  const snap = await mcpServer.executeTool('browser_snapshot',{});
  console.log(JSON.stringify(snap,null,2));   // 输出结构化 DOM 信息

  // 3) 在页面输入框里键入文字
  // 先点击元素（假设通过 ref 字段已锁定目标）
  await mcpServer.executeTool('browser_click',{
    element:'示例搜索框',
    ref:'aria/[role="textbox"]'
  });
  // 再输入查询词并提交
  await mcpServer.executeTool('browser_type',{
    element:'示例搜索框',
```

```
    ref:'aria/[role="textbox"]',
    text:'PlaywrightMCP',
    submit:true
});

// 4) 结束会话
await mcpServer.executeTool('browser_close',{});
await mcpServer.close();                        // 关闭服务器
})();
```

运行脚本后,PlaywrightMCP 会在后台启动无头浏览器,逐条执行工具调用,并把结果以 JSON 格式返回;失败时,status 字段会标记 error 并附带堆栈,便于调试。

> **提示** 若需要 Vision 模式,请在启动参数中加入--vision,这样模型可以基于截图进行坐标级交互;在资源紧张或无显示环境的服务器中,建议继续使用默认的 Snapshot 模式以节省显存并提高稳定性。

5.2 BrowserbaseMCP

BrowserbaseMCP 将 Browserbase 云端无头浏览器基础设施与 MCP 结合,允许大模型通过一组标准化 browser_*工具在隔离环境里执行网页导航、表单填写、截图与脚本注入等操作,无须自建浏览器集群即可完成可靠、可观测的自动化任务。

5.2.1 基础设置

1. 获取 API Key 并配置环境

注册 Browserbase 账号后,在 Dashboard 可查看并复制项目 API Key。

在.env 文件或系统环境变量中加入 BROWSERBASE_API_KEY=<我们的密钥>,服务器启动时会自动读取密钥。

2. 安装与启动服务器

相关代码如下:

```
# 全局安装
npm i -g @browserbasehq/mcp-browserbase        # 浏览器首次自动下载

# 启动无头模式
mcp-browserbase --headless
```

以上命令会启动一个由 Puppeteer + Stagehand 驱动的云浏览器会话，并通过标准输入/输出或 SSE 通道将会话接口开放给 MCP 客户端，方便其发送指令和接收结果。

可以在 claude_desktop_config.json 文件中新增以下配置：

```
"mcpServers":{
  "browserbase":{
    "command":"mcp-browserbase",
    "args":[],
    "env":{"BROWSERBASE_API_KEY":"${browserbaseKey}"}
  }
}
```

保存文件后，程序即可自动发现并调用该服务器。

5.2.2　示例：基于云浏览器抓取网页中的标题并截图

以下示例展示了如何让智能体在 Browserbase 云浏览器中访问 Example 站点、抓取网页中的标题并截图。

使用 JavaScript 实现：

```
// 引入 SDK 并创建客户端
import {MCPClient} from '@modelcontextprotocol/sdk/client/node.js';
const client=new MCPClient({stdio:true});    // 采用标准输入/输出方式
await client.connect();

// 打开新标签并导航到目标页
await client.executeTool('browser_tab_new',{});
await client.executeTool('browser_navigate',{url:'https://example.com'});

// 等待元素出现并读取文本
const snap=await client.executeTool('browser_snapshot',{});
const titleRef=snap.tree.children.find(n=>n.role==='heading').ref;
const titleTxt=await
```

```
client.executeTool('browser_inner_text',{ref:titleRef});
console.log('页面标题:',titleTxt.value);

// 将截图保存到本地
await client.executeTool('browser_screenshot',{path:'example.png'});

// 关闭会话
await client.executeTool('browser_close',{});
await client.disconnect();
```

所有 browser_*工具均由 Stagehand 自动生成，可直接通过元素 ARIA 属性或坐标引用。

Browserbase 提供会话监控界面，执行过程中可实时查看 DOM 和视频回放，便于调试。

支持 Playwright、Puppeteer、Selenium 多框架，且可与 CrewAI、LangChain 等 Agent 框架无缝协同。

云端会话默认 5 分钟超时，可通过--timeout 参数或 SDK 选项延长会话时间。

借助 BrowserbaseMCP，我们可以在几行代码内让大模型安全地操作真实浏览器，实现电商监测、票务抢购、数据抓取等高价值场景，而无须关心浏览器维护与抗封锁细节。

5.3 PuppeteerMCP

PuppeteerMCP 服务器把 GooglePuppeteer 的浏览器自动化能力封装成 ModelContextProtocol 接口，大模型只需调用 puppeteer_*工具就能在真实浏览器里完成网页导航、元素点击、截图、JavaScript 执行等操作，而无须在本地安装 Chrome 或维护驱动，可直接通过标准输入/输出或 SSE 方式与 Claude、ChatGPT 等客户端协作。

5.3.1 基础设置

1. 环境要求

Node 16 及以上版本运行时，用于启动用 TypeScript 编写的服务器。

Chrome/Chromium 由 Puppeteer 首次启动时自动下载，如果需要离线安装可提前执行 npx@modelcontextprotocol/server-puppeteerinstall。

2. 安装与启动

相关代码如下：

```
# 全局安装
npm i -g @modelcontextprotocol/server-puppeteer        # 自动拉取依赖
# 立即启动（默认有 GUI）
npx @modelcontextprotocol/server-puppeteer
# 无头模式
npx @modelcontextprotocol/server-puppeteer --headless
```

CLI 还支持--port、--vision、--browser 等参数，自定义 SSE 端口、截图模式或浏览器内核。

3. 集成 Claude Desktop

在 claude_desktop_config.json 文件中添加以下配置：

```
"mcpServers":{
 "puppeteer":{
   "command":"npx",
   "args":["-y","@modelcontextprotocol/server-puppeteer"],
   "env":{"PUPPETEER_LAUNCH_OPTIONS":"{ \"headless\": true }"}
 }
}
```

保存文件后，Claude 会自动连接该服务器，并在对话中暴露 puppeteer_navigate 等工具。

4. 可选 Docker

相关代码如下：

```
dockerrun-i--rm--init-p8000:8000mcp/puppeteer        # HeadlessChromium
```

适合在持续集成（CI）或云端批量执行任务。

5.3.2 示例：基于云浏览器抓取网页中的标题并截图

以下示例展示了智能体在云浏览器里访问 Example 站点、抓取网页中的标题并截图。

使用 Python 实现：

```
// 导入MCP客户端SDKimport { MCPClient } from "@modelcontextprotocol/sdk/client/node.js";
// :contentReference[oaicite:6]{index=6}

(async () => {
  // 创建客户端并连接本地 PuppeteerMCP
  const client = new MCPClient({ stdio: true });  // 走标准输入/输出通道
  await client.connect();                          // 建立连接

  // 新建标签并导航
  await client.executeTool("puppeteer_navigate", {
    url: "https://example.com"
  });

  // 抓取可访问性树快照
  const snap = await client.executeTool("puppeteer_evaluate", {
    script: "document.title"
  });
  console.log("页面标题:", snap.value);           // 打印页面标题

  // 全页截图
  await client.executeTool("puppeteer_screenshot", {
    name: "home",
    width: 1280,
    height: 720
  });

  // 关闭浏览器会话
  await client.executeTool("puppeteer_click", {
    selector: "body"
  });
  await client.disconnect();                       // 断开连接
})();
```

MCPClient 通过标准输入/输出方式与服务器交换 MCP 消息，首条 server_metadata 到来时代表握手成功。

puppeteer_navigate 接收 url 与可选 launchOptions 参数；若传入新的 launchOptions，浏览器会重启并应用配置。

puppeteer_evaluate 执行任意 JavaScript 代码，适合读取 DOM 或注入脚本；结果通过 value 字段返回。

puppeteer_screenshot 会把 PNG 保存为 screenshot://home，可在 Claude 资源面板直接查看或下载。

如果需要更高的自由度，可通过环境变量 PUPPETEER_LAUNCH_OPTIONS 或工具参数 allowDangerous:true 启用自定义 Chrome 路径、无沙箱等高级特性，但在生产环境下应谨慎开启高级特性。

有了 PuppeteerMCP，大模型可以安全调用浏览器执行数据抓取、自动化测试、表单提交等高价值任务，而无须担心浏览器安装与驱动的兼容性，从而让"读写网页"像调用函数一样简单。

5.4 ApifyActorsMCP

ApifyActorsMCP 服务器是 Apify 为其 Actor 提供的 MCP 实现，它能将任意 Apify Actor 封装为 MCP 工具，通过 SSE 和标准输入/输出两种方式对外提供服务，使 AI 助手或客户端可以动态发现并调用这些 Actor 来执行网页抓取、数据提取等任务，同时所有调用均在受控的沙箱中进行，保证安全与可审计性。

5.4.1 基础设置

1. 前提条件

Node 18 及以上版本和 Python 3.9 及以上版本已安装。在 Apify 控制台生成并保存 APIFY_TOKEN 环境变量。

2. 获取与安装

克隆仓库：

```
git clone https://******.com/apify/actors-mcp-server.git
cd actors-mcp-server
```

安装依赖并构建：

```
npm install
npm run build
```

在根目录下创建 .env 文件，内容如下：

```
APIFY_TOKEN=你的 Apify 令牌
```

5.4.2 示例：抓取本地标准输入/输出客户端

以下示例展示了如何使用标准输入/输出客户端在本地启动 MCP 服务器并调用 apify/rag-web-browser 工具来获取网页搜索结果。

使用 Python 实现：

```
/**
 * 通过标准输入/输出方式连接MCP服务器并调用工具：
 * 1.启动本地MCP服务器并加载指定的Actor。
 * 2.列出可用工具并查找目标工具。
 * 3.调用工具执行查询，并打印JSON结果。
 */

// 导入依赖
import{execSync}from'node:child_process';
import path from'node:path';
import{fileURLToPath}from'node:url';
import dotenv from'dotenv';
import{Client}from'@modelcontextprotocol/sdk/client/index.js';
import{StdioClientTransport}from'@modelcontextprotocol/sdk/client/stdio.js';
import{CallToolResultSchema}from'@modelcontextprotocol/sdk/types.js';
import{actorNameToToolName}from'../tools/utils.js';

// 获取脚本目录
const filename=fileURLToPath(import.meta.url);
const dirname=path.dirname(filename);

// 加载环境变量
dotenv.config({path:path.resolve(dirname,'../../.env')});
```

```javascript
// 确定Node可执行路径及服务器入口脚本
const NODE_PATH=execSync(process.platform==='win32'?'where node':'which node').toString().trim();
const SERVER_SCRIPT=path.resolve(dirname,'../../dist/stdio.js');

// 指定要加载的Actor列表
const TOOLS='apify/rag-web-browser,lukaskrivka/google-maps-with-contact-details';
const SELECTED_TOOL=actorNameToToolName('apify/rag-web-browser');

// 检查APIFY_TOKEN
if(!process.env.APIFY_TOKEN){
  console.error('APIFY_TOKEN 未设置');
  process.exit(1);
}

// 配置标准输入/输出的传输方式
const transport=new StdioClientTransport({
  command:NODE_PATH,
  args:[SERVER_SCRIPT,'--actors',TOOLS],
  env:{APIFY_TOKEN:process.env.APIFY_TOKEN},
});

// 创建MCP客户端
const client=new Client({name:'example-client',version:'0.1.0'},{capabilities:{}});

async function run(){
  try{
    // 连接MCP服务器
    await client.connect(transport);
    // 列出可用工具
    const tools=await client.listTools();
    console.log('可用工具:',tools.tools);
    // 查找并调用指定工具
    const tool=tools.tools.find(t=>t.name===SELECTED_TOOL);
    if(!tool){
      console.error(`未找到工具:${SELECTED_TOOL}`);
      return;
    }
    console.log('调用工具中……');
    const result=await client.callTool(
```

```
    {name:SELECTED_TOOL,arguments:{query:'web browser for
Anthropic'}},
    CallToolResultSchema,
  );
  console.log('工具返回结果:',JSON.stringify(result));
 }catch(error){
  console.error('运行时错误:',error);
 }
}

run().catch(error=>{
 console.error('未捕获错误:',error);
 process.exit(1);
});
```

该脚本展示了如何通过 StdIOClientTransport 在本地启动 MCP 服务器并加载多个 Actor，然后在客户端列出可用工具，查找并调用 apify/rag-web-browser 来执行网页搜索，最后将 JSON 格式的结果打印到控制台。

5.5 FirecrawlMCP

FirecrawlMCP 服务器是由 MendableAI 发布的 MCP 服务器实现，集成了 Firecrawl 的网页爬取与数据提取能力，支持 JavaScript 渲染、URL 发现、批量爬取、自动重试和信用监控等功能。它可通过 npx -y firecrawl-mcp 或全局安装方式运行，并支持与 Cursor、Claude、VSCode、Windsurf 等多种客户端对接。通过标准化的 SSE 与 stdio 传输协议，大模型或 AI 助手能够动态发现并调用 Firecrawl 相关工具，如 firecrawl_scrape、firecrawl_batch_scrape、firecrawl_search 等，实现高效的网页抓取与内容提取。

5.5.1 基础设置

1. 前提条件

Node 18 及以上版本和 Python 3.9 及以上版本环境已安装。在 Firecrawl 控制台生成并设置环境变量 FIRECRAWL_API_KEY。

2．安装与运行

快速启动：

```
env FIRECRAWL_API_KEY=fc-YOUR_API_KEY npx -y firecrawl-mcp
```

全局安装：

```
npm install -g firecrawl-mcp
```

5.5.2 示例：调用FirecrawlScrape

以下示例展示了调用FirecrawlScrape。

使用Python实现：

```
/* eslint-disable no-console */
/**
示例：使用StdIOClientTransport调用firecrawl_scrape工具，
该脚本通过标准输入/输出方式连接本地MCP服务器，
调用firecrawl_scrape爬取指定页面内容。
*/

import{execSync}from'child_process';
import path from'path';
import{fileURLToPath}from'url';
import dotenv from'dotenv';
import{Client}from'@modelcontextprotocol/sdk/client';
import{StdioClientTransport}from'@modelcontextprotocol/sdk/client/stdio';
import{CallToolResultSchema}from'@modelcontextprotocol/sdk/types';

// 获取脚本目录
const __filename=fileURLToPath(import.meta.url);
const __dirname=path.dirname(__filename);

// 加载环境变量
dotenv.config({path:path.resolve(__dirname,'../.env')});

// 检查API密钥
if(!process.env.FIRECRAWL_API_KEY){
  console.error('FIRECRAWL_API_KEY未设置');
  process.exit(1);
}
```

```javascript
// 准备进行标准输入/输出
const nodePath = execSync(process.platform === 'win32' ? 'where node' : 'which node').toString().trim();
const serverScript = path.resolve(__dirname, '../node_modules/firecrawl-mcp/lib/stdio.js');
const transport = new StdioClientTransport({
  command: nodePath,
  args: [serverScript],
  env: {FIRECRAWL_API_KEY: process.env.FIRECRAWL_API_KEY},
});

// 创建MCP客户端
const client = new Client({name: 'firecrawl-client', version: '1.0.0'}, {capabilities: {}});

async function run() {
  try {
    // 连接MCP服务器
    await client.connect(transport);
    // 列出可用工具
    const tools = await client.listTools();
    console.log('可用工具:', tools.tools);
    // 调用firecrawl_scrape工具
    const result = await client.callTool(
{name: 'firecrawl_scrape', arguments: {url: 'https://example.com', formats: ['markdown']}},
      CallToolResultSchema,
    );
    console.log('返回结果:', JSON.stringify(result));
  } catch (err) {
    console.error('运行时错误:', err);
  }
}
run();
```

以上脚本名为 FirecrawlScrape 调用示例，它展示了如何使用 StdIOClientTransport 连接本地运行的 FirecrawlMCP 服务器，列出所有可用工具并调用 firecrawl_scrape 来爬取指定 URL 的内容，最后将结果以 JSON 格式输出到控制台。此模式适合在 Node.js 环境中快速集成网页爬取功能，为 AI 应用或自动化流程提供便捷的数据获取能力。

第 6 章
命令行与 Shell

6.1　iterm-mcp

6.2　win-cli-mcp

6.3　mcp-server-commands

6.4　CLI MCP

6.5　Term_MCP_DeepSeek

本章围绕"让大模型亲手敲命令"展开，汇集 5 款终端-指令类 MCP 服务器。

iterm-mcp 能让模型在 macOS 的 iTerm2 界面上像真人一样输入命令、读取输出并发送控制字符，支持与 REPL 互动，且可通过一条 npx 命令快速接入 Claude Desktop 或 Smithery。

win-cli-mcp 则专为 Windows 系统设计，将 PowerShell、CMD、Git Bash 及可选 SSH 会话封装为安全受控的 execute_command、ssh_execute 等工具，内置命令黑名单与路径白名单，保证本机与远程运维的安全。

mcp-server-commands 则提供最简化的 run_command 与 run_script 两大接口，让模型在本地沙箱中执行任意脚本或单条命令，并支持用户逐次审批与会话审计，从而在"AI 写脚本并即时验证"与全面系统安全之间找到最佳平衡。

CLI MCP 通过环境变量制定白名单和超时策略，在 Python 沙箱安全运行任意 Shell 命令。

Term_MCP_DeepSeek 则将 DeepSeek 聊天与持久 Bash 会话结合，网页端可用 CMD:指令驱动后端执行。

通过本章内容，读者可学会为模型注入跨平台、可控、可审计的 CLI 能力，让 AI 从"会说"跃升到"会做"，在本地终端或远程服务器上完成自动化运维、依赖安装与脚本生成等高价值任务。

6.1 iterm-mcp

在 iTerm2 中给大模型装上一对"手"和"眼"——这就是 iterm-mcp：

一个 MCP 服务器，能让 Claude 等模型像真人一样在现有终端标签中输入命令、读取输出、发送^C 等控制字符，甚至与 Python、Node REPL 互动。

无须安装额外依赖，npx iterm-mcp 即可启动，并已集成到 Claude Desktop 与 Smithery 中，1 分钟内即可完成配置。

6.1.1 基础设置

1. 环境要求

iTerm2 正在运行，因为服务器直接操控当前活动标签。

Node 18 及以上版本用于执行 TypeScript 编译后的 JavaScript 文件。

2. 安装与启动

相关代码如下：

```
# 全局运行最快方案
npx -y iterm-mcp          # 默认有 GUI

# 如果需要无头日志模式
npx -y iterm-mcp --headless
```

首次启动 iterm-mcp 后即可使用 write_to_terminal、read_terminal_output、send_control_character 三大工具。

3. 在 Claude Desktop 上注册

将下列片段写入 claude_desktop_config.json 文件（Mac 下的路径：~/Library/Application Support/Claude/claude_desktop_config.json，Windows 下的路径：%APPDATA%/Claude/claude_desktop_config.json）：

```
{
  "mcpServers":{
    "iterm-mcp":{
      "command":"npx",
      "args":["-y","iterm-mcp"]
    }
  }
}
```

保存文件后，重启 Claude Desktop，即可在工具列表中看到 3 项终端能力，点击启用即可。

4. 一键安装方案

若嫌手动编辑烦琐，可使用 Smithery 自动注入配置：

```
npx -y @smithery/cli install iterm-mcp --client claude
```

代码执行完毕后，将自动生成上述 JSON 并校验可用性。

6.1.2 示例：自动创建并激活 Python 虚拟环境

以下示例展示了"自动创建并激活 Python 虚拟环境"的完整对话链路。

使用 Python 实现：

```
// 导入 MCP 客户端 SDK
import {MCPClient} from "@modelcontextprotocol/sdk/client/node.js";

(async()=>{
  // 连接本地 iterm-mcp (走标准输入/输出通道)
  const client=new MCPClient({stdio:true});
  await client.connect();

  // 1.在终端运行命令并创建虚拟环境
  await client.executeTool("write_to_terminal",{
    command:"python3 -m venv .venv && source .venv/bin/activate"
  });

  // 2.读取最后 20 行输出并检查是否成功
  const out=await client.executeTool("read_terminal_output",{lines:20});
  console.log("终端回显:\n",out.text);

  // 3.若输出包含 activated 字样，则安装依赖
  if(/activated/.test(out.text)){
    await client.executeTool("write_to_terminal",{command:"pip install requests"});
  }

  // 4.发送^C，终止可能残留的进程
  await client.executeTool("send_control_character",{character:"c"});

  await client.disconnect();// 关闭传输
})();
```

write_to_terminal 会返回执行后产生的行数，大模型可据此决定下一步操作。

read_terminal_output 支持读取任意行数，避免一次性灌入大量历史信息，节省上下文 Token。

通过 send_control_character 发送 c 即可模拟^C，适合中断 REPL 或长命令。

若想实时观察模型操作，可执行 yarn run inspector 来启动 MCPInspector，在浏览器中可以逐条查看消息、复制重放。

iterm-mcp 让大模型真正进入本地 Shell 世界——无须额外的守护进程，也不必在云端暴露终端接口；我们只需打开 iTerm2，其余交给模型完成即可。安全起见，第一次使用时请盯紧输出，逐步放权，体验"AI 敲命令"的全新高效工作流。

6.2 win-cli-mcp

Windows CLI MCP 服务器（win-cli-mcp-server）专为 Windows 环境打造，将 PowerShell、CMD、Git Bash 以及可选 SSH 远程会话封装成一组 execute_command、ssh_execute 等工具，让大模型能够在受控、安全的沙箱里执行本地和远程命令、读取历史、限制路径与危险参数，从而把"会话型 AI"升级为"可直接管理 Windows 系统的智能运维助手"。

6.2.1 基础设置

1. 安装与初次启动

相关代码如下：

```
# 一次性下载安装并启动(有 GUI 日志模式)
npx -y @simonb97/server-win-cli

# 无 GUI 日志模式
npx -y @simonb97/server-win-cli --headless
```

首次运行 win-cli-mcp 时会自动检测并下载所需的 Node 依赖及 Shell 路径，随后在 stdout 或 SSE 端口暴露 MCP 接口。

2. 在 Claude Desktop 上注册

将以下片段写入 claude_desktop_config.json 文件，即可让 Claude Desktop 自动识别服务器并展示全部 CLI 工具：

```
{
  "mcpServers":{
    "windows-cli":{
      "command":"npx",
      "args":["-y","@simonb97/server-win-cli"]
    }
  }
}
```

若需自定义配置文件（如更严格的路径白名单），在 args 后追加 --config、C:\\path\\config.json 即可。

3. 配置安全策略

运行 npx @simonb97/server-win-cli --init-config .\\config.json 生成示例配置。

调整 blockedCommands、blockedArguments、allowedPaths 等字段，默认已拦截 rm、del、format、shutdown 等高危指令。

若启用 SSH，将 ssh.enabled 设为 true 并添加连接档案，可通过 create_ssh_connection 动态新增 SSH 连接配置。

6.2.2 示例：创建虚拟环境、安装依赖并拉取远程系统信息

以下示例展示了大模型如何在本机创建 Python 虚拟环境、安装依赖，并在远程 Linux 服务器上拉取系统信息。

使用 Python 实现：

```
import {MCPClient} from "@modelcontextprotocol/sdk/client/node.js";
(async()=>{
  // 连接本地 win-cli-mcp-server
```

```javascript
const cli=new MCPClient({stdio:true});
await cli.connect();

// 1.本地 PowerShell 创建并激活 venv
await cli.executeTool("execute_command",{
  shell:"powershell",
  command:"python -m venv .venv && .\\.venv\\Scripts\\activate && pip install requests"
});

// 2.读取最近 10 条命令历史，验证步骤
const history=await cli.executeTool("get_command_history",{limit:10});
console.log("命令历史:",history.entries);

// 3.建立 SSH，连接远程服务器
await cli.executeTool("create_ssh_connection",{
  connectionId:"prod",
  connectionConfig:{
    host:"192.168.1.88",
    port:22,
    username:"admin",
    password:"S3cur3!"
  }
});

// 4.远程执行系统信息查询
const sysinfo=await cli.executeTool("ssh_execute",{
  connectionId:"prod",
  command:"uname -a && df -h | head -n 5"
});
console.log("远程信息:\n",sysinfo.output);

// 5.断开 SSH 并关闭客户端
await cli.executeTool("ssh_disconnect",{connectionId:"prod"});
await cli.disconnect();
})();
```

第 1 步借助 execute_command 在 PowerShell 里一次性串行执行多条命令；服务器会自动拦截注入字符（如 &、|、; 等），以确保安全。

第 2 步使用 get_command_history 获取时间戳与 stdout，可供大模型总结日志或生成报告。

第 3 步和第 4 步演示 SSH 子流程：连接档案可被持久化到配置文件中，也可在会话内动态创建；执行超时和并发上限受 ssh 节参数控制。

整个操作在 Windows 限定目录下完成，越界路径、危险参数或超长命令会被服务器拒绝并返回 blocked 状态，保护宿主系统。

通过 win-cli-mcp-server，大模型即刻具备了跨 PowerShell、CMD、Git Bash 与 SSH 的全栈 CLI 能力，同时内置长度限制、命令黑名单、路径隔离与注入防护，为自动化运维、CI 脚本生成、远程主机管理等场景提供了一站式安全解决方案。

6.3 mcp-server-commands

在大模型生态里，"让模型自己跑 Shell 命令"往往意味着环境配置、沙箱隔离与安全审核的麻烦——mcp-server-commands 把这一切简化成两条工具指令：run_command 与 run_script。模型只需调用相应的命令或脚本就可以在本机安全执行，即时返回 stdout/stderr 结果，同时支持在 Claude Desktop 等 MCP 客户端按次审批、按会话审计，避免误触高危指令。

6.3.1 基础设置

1. 安装与启动

相关代码如下：

```
# 最快体验：一次性拉下依赖并以 GUI 模式启动
npx -y mcp-server-commands

# 如仅需日志输出，则可加--headless
npx -y mcp-server-commands --headless
```

2. 在 Claude Desktop 上注册

将以下片段写入 claude_desktop_config.json 文件（macOS 下的路径：~/Library/Application Support/Claude/claude_desktop_config.json，Windows 下的路径：%APPDATA%/Claude/claude_desktop_config.json）：

```json
{
  "mcpServers":{
    "mcp-server-commands":{
      "command":"npx",
      "args":["mcp-server-commands"]
    }
  }
}
```

保存文件后，重启 Claude，即可在工具面板上看到 run_command 与 run_script。

6.3.2　示例：Python 程序的自动化

以下示例展示了如何用一条脚本自动生成并运行 Python 代码，再将结果写入文件。

使用 Python 实现：

```
import {MCPClient} from "@modelcontextprotocol/sdk/client/node.js";

(async()=>{
  // 连接本地 mcp-server-commands（走标准输入/输出通道）
  const cli=new MCPClient({stdio:true});
  await cli.connect();

  // 1.在/tmp 目录下创建并运行 Python 脚本，计算斐波那契数列前 20 项
  const script=`
import pathlib, json, math
fib=[0,1]
for _ in range(18):
    fib.append(fib[-1]+fib[-2])
print(json.dumps(fib))
`;
  const res=await cli.executeTool("run_script",{
    interpreter:"python3",
    cwd:"/tmp",
    script
  });
  console.log("脚本输出:",res.stdout);

  // 2.将输出写入 results.json（利用 echo 重定向）
  await cli.executeTool("run_command",{
    command:echo '${res.stdout.trim()}' > /tmp/results.json
  });
```

```
// 3.查看文件大小,验证写入是否成功
const stat=await cli.executeTool("run_command",{
  command:"ls -lh /tmp/results.json"
});
console.log(stat.stdout);

await cli.disconnect();// 结束传输
})();
```

run_script 会把 Shell 解释器名+脚本通过 stdin "喂入"大模型,底层等价于 echo "script" | python3,既可写 bash、zsh,也可直接写 Python、Node。

执行目录（cwd）可限制脚本作用范围,避免越界访问。

每次调用时都会在 Claude 界面上弹出 Approve/Deny 对话框,选择 ApproveOnce 即可单次放行,选择 Deny 可直接阻断。

服务器运行权限将继承当前用户的权限,官方强烈建议不要在 sudo 环境下执行,以防止高危命令对系统造成损害。

如果需要更静默的批处理,可改用 --headless 模式并在配置中设定 autoApprove:true,但务必结合 blockedCommands 白名单机制防止误伤。

借助 mcp-server-commands,大模型与本机 Shell 之间只隔着一层清晰可控的 MCP：模型写脚本、服务器"跑"脚本、用户审核结果。这样既保留了"让 AI 帮我写代码并立刻验证"的极致体验,又通过逐条审批、日志记录与路径限制守住了系统安全的底线。

6.4　CLI MCP

CLI MCP 服务器是一个基于 Python 的 MCP 服务器实现,它通过环境变量配置命令白名单、路径校验、超时控制等安全策略,允许大模型或其他 MCP 客户端使用标准化的 run_command 与 show_security_rules 工具执行受控的命令行操作,所有调用均在沙箱运行并可审计,从而保障了系统的安全性与可维护性。

6.4.1 基础设置

1. 前提条件

Python 3.10 及以上版本环境已安装。

安装 MCP 库：

```
pip install modelcontextprotocol
```

在运行服务器前，必须设置以下环境变量。

- ALLOWED_DIR：指定命令执行允许的基目录（必填）。
- ALLOWED_COMMANDS：允许的子命令列表或设置为 all（默认值为 ls、cat、pwd）。
- ALLOWED_FLAGS：允许的命令标志，或设置为 all（默认值为 -l、-a、--help）。
- COMMAND_TIMEOUT：命令执行的超时时间（单位为秒），默认值为 30。
- ALLOW_SHELL_OPERATORS：是否允许使用 Shell 运算符（可选值为 false 或 true），默认值为 false。

2. 安装与启动

相关代码如下：

```
# 全局安装 CLI MCP Server
pip install cli-mcp-server

# 启动服务器（示例）
export ALLOWED_DIR=/your/dir
export ALLOWED_COMMANDS=all
export ALLOWED_FLAGS=all
export COMMAND_TIMEOUT=30
export ALLOW_SHELL_OPERATORS=true
cli-mcp-server
```

6.4.2 示例：RunCommand 的执行过程

以下示例展示了 RunCommand 的执行过程。

使用 Python 实现：

```python
import os
import importlib
import asyncio
import tempfile

# 创建临时目录并将其设置为允许执行目录
tempdir = tempfile.TemporaryDirectory()
os.environ["ALLOWED_DIR"] = tempdir.name
os.environ["ALLOWED_COMMANDS"] = "all"           # 允许所有命令
os.environ["ALLOWED_FLAGS"] = "all"              # 允许所有标志
os.environ["COMMAND_TIMEOUT"] = "10"             # 设置超时时间为10秒
os.environ["ALLOW_SHELL_OPERATORS"] = "true"     # 允许 Shell 运算符

# 引入并加载服务器模块
import cli_mcp_server.server as server_module   # MCP 服务器入口
server = importlib.reload(server_module)

async def main():
    # 调用 run_command 工具执行'pwd'命令
    result = await server.handle_call_tool(
        "run_command",
        {"command": "pwd"}
    )
    # 输出每条结果文本
    for task in result:
        print(task.text.strip())

if __name__ == "__main__":
    asyncio.run(main())
```

RunCommand 执行脚本展示了如何在 Python 环境中通过 handle_call_tool("run_command",...)接口调用 CLI MCP 服务器的 run_command 工具。首先，脚本创建并配置临时目录作为命令执行基目录，启用所有命令与标志，并允许使用 Shell 运算符，然后加载服务器模块并调用 pwd 命令，最终将当前工作目录路径以文本形式打印到控制台，这验证了执行受控命令的完整流程。

6.5 Term_MCP_DeepSeek

Term_MCP_DeepSeek 是一个基于 Flask 和 Tailwind CSS 的 MCP-like 服务器

原型，利用 DeepSeek API 提供 AI 聊天和终端命令执行功能。用户通过浏览器访问聊天界面，向 DeepSeek 发送消息，模型可将以"CMD:"开头的指令嵌入回复中，后端捕获该指令并通过持久化的 Bash 会话执行相应的命令，再将命令输出注入最终响应。此外，服务器还暴露了标准 MCP 的/mcp/list_tools 与/mcp/call_tool 端点，便于其他 AI 客户端动态发现与调用终端工具。

6.5.1 基础设置

1. 前提条件

需要安装 Python 3.8 及以上版本，以运行 Flask 应用与异步任务调度，可参考 Python 3.8.0 官方发布的说明来了解版本特性与支持周期。

在 DeepSeek 平台申请并获得有效的 API 密钥，将其写入项目根目录下的.env 文件中，格式为：

```
DEEPSEEK_API_KEY=你的 DeepSeekAPI 密钥
```

DeepSeek 平台的 API 获取方式，可以自行上网搜索，也可以参考作者的另一本书《DeepSeek 应用大全：从入门到精通的全方位案例解析》。

2. 安装与运行

相关代码如下：

```
git clone https://******.com/OthmaneBlial/term_mcp_deepseek.git
cd term_mcp_deepseek
python3 -m venv venv
source venv/bin/activate
pip install -r requirements.txt
python server.py
```

完成上述步骤后，服务器会在 127.0.0.1:5000 启动 Flask 应用，提供聊天界面及 MCP 端点服务。

6.5.2 示例：实现 DeepSeek 终端聊天机器人

以下示例展示了如何实现 DeepSeek 终端聊天机器人。

使用 Python 实现：

```python
import os
import asyncio
from dotenv import load_dotenv
from flask import Flask, request, jsonify
import pexpect
import requests
from tools.command_executor import CommandExecutor
from tools.tty_output_reader import TtyOutputReader

# 加载环境变量
load_dotenv()
DEEPSEEK_API_KEY=os.getenv("DEEPSEEK_API_KEY")

# 初始化 Flask 应用与持久化终端
app=Flask(__name__)
shell=pexpect.spawn('/bin/bash',encoding='utf-8',echo=False)

# 系统消息，指导 AI 何时执行命令
conversation=[{"role":"system","content":(
    "你是具有终端访问权限的 AI 助手。"
    "如果需要执行命令，请在回复中包含以"CMD:"开头的行。"
)}]

async def run_shell_command(cmd:str)->str:
    """异步执行 Shell 命令并返回输出"""
    executor=CommandExecutor(shell)
    before=TtyOutputReader.get_buffer().split("\n")
    await executor.execute_command(cmd)
    after=TtyOutputReader.get_buffer().split("\n")
    new_lines=after[len(before):]
    return "\n".join(new_lines).strip() or "(无输出)"

def call_deepseek_api(messages):
    """调用 DeepSeek 聊天接口"""
    resp=requests.post(
        "https://api.********.com/chat/completions",
        headers={
            "Authorization":f"Bearer {DEEPSEEK_API_KEY}",
            "Content-Type":"application/json"
        },

json={"model":"deepseek-chat","messages":messages,"stream":False},
```

```python
        timeout=60
    )
    resp.raise_for_status()
    return resp.json()["choices"][0]["message"]["content"]

@app.route("/chat",methods=["POST"])
def chat():
    global conversation
    user_msg=request.json.get("message","").strip()
    if not user_msg:
        return jsonify({"message":"(无输入)"}),400
    conversation.append({"role":"user","content":user_msg})
    assistant_text=call_deepseek_api(conversation)
    lines=assistant_text.split("\n")
    final=[]
    loop=asyncio.new_event_loop()
    asyncio.set_event_loop(loop)
    for line in lines:
        if line.startswith("CMD:"):
            cmd=line[len("CMD:"):].strip()
            output=loop.run_until_complete(run_shell_command(cmd))
            final.append(f"(运行:{cmd})\n{output}")
        else:
            final.append(line)
    final_text="\n".join(final)
    conversation.append({"role":"assistant","content":final_text})
    return jsonify({"message":final_text})

if __name__=='__main__':
    print("启动 DeepSeek 终端 MCP 服务器, API_KEY:",DEEPSEEK_API_KEY)
    app.run(host='127.0.0.1',port=5000,debug=True)
```

TerminalChat 命令执行示例展示了如何结合 Flask、pexpect 与 DeepSeek API 实现一个能够执行 Shell 命令的聊天机器人。该机器人在对话中拦截以"CMD:"开头的指令，通过异步方式驱动持久的 Bash 会话执行命令，并将输出动态插入 AI 回复中。这实现了人机交互与终端控制的无缝融合，为开发终端自动化助手或 MCP 演示原型提供了实用的基础模块。

第 7 章

版本控制

7.1　GitHub MCP 服务器

7.2　Gitee MCP 服务器

7.3　Gitea MCP 服务器

7.4　mcp-git-ingest

7.5　github-enterprise-mcp

本章介绍适用于仓库管理与代码洞察场景的 5 种 MCP 服务器。

（1）GitHub MCP 服务器（由 GitHub 官方推出，使用 Go 编写）：可通过 Docker 镜像或本地编译一键启动，并允许通过--toolsets 或环境变量精细控制向大模型暴露的 API，支持动态工具发现与私有实例接入。

（2）Gitee MCP 服务器（由开源中国团队开发，使用 Go 编写）：可通过 Docker 或单个二进制文件运行，支持切换私有 Gitee 域名、选择标准输入/输出或 SSE 方式及工具集裁减，可满足个人、组织及企业的多样化需求。

（3）Gitea MCP 服务器（由 Gitea 官方发布）：提供对话式操控 Gitea 仓库、分支、Issue 与 PR 的功能，支持标准输入/输出与 SSE 方式、工具集裁剪与私有域名配置，实现了大模型与版本控制系统的无缝协作，让"说一句话，代码自动运行"成为可能。

（4）mcp-git-ingest：侧重静态分析，可克隆任意 Git 仓库生成目录树并按需读取关键文件，为大模型快速构建上下文。

（5）github-enterprise-mcp：针对 GitHub Enterprise 环境，支持通过 URL 模式接入或使用 Docker 部署，涵盖仓库、分支、Issue 与统计工具。

本章系统展示从开源托管到企业私有云、从动态协作到静态解析的完整解决方案，为智能体注入安全、可审计且高度可定制的版本控制能力，实现"一句话管理整个仓库"。

7.1 GitHub MCP 服务器

GitHub MCP 服务器可让大模型通过 GitHub 官方的 MCP 服务器直接调用 GitHub API，实现自动管理仓库、Issue、PR 与安全扫描等。

7.1.1 基础设置

1. 准备工作

确保 Docker 已安装且在运行，用于拉取并启动官方镜像。

使用 GitHub_Personal_Access_Token，为大模型授予所需仓库、Issue、PR 的权限；可在 GitHubSettings→DeveloperSettings→Fine-grainedTokens 中创建。

2. 快速安装（Docker）

代码如下：

```
docker run -i --rm \
 -e GITHUB_PERSONAL_ACCESS_TOKEN=<YOUR_TOKEN> \
 ghcr.io/github/github-mcp-server
```

镜像启动后，会在标准输入/输出或 SSE 端口暴露 MCP 消息流，包含全部工具集。

3. 配置 VSCode 和 Claude Desktop

配置 VSCode 时，在 settings.json 或 vscode/mcp.json 中添加以下代码即可。配置 Claude Desktop 时，在 claude_desktop_config.json 中添加以下代码即可。

```
{
  "mcpServers":{
    "github":{
      "command":"docker",
      "args":[
        "run","-i","--rm",
        "-e","GITHUB_PERSONAL_ACCESS_TOKEN",
        "ghcr.io/github/github-mcp-server"
      ],
      "env":{"GITHUB_PERSONAL_ACCESS_TOKEN":"<YOUR_TOKEN>"}
    }
  }
}
```

4. 精细化权限

使用--toolsets repos,issues,pull_requests 或环境变量 GITHUB_ TOOLSETS 限制可见 API，减少大模型在工具选择过程中产生的噪音。

企业私有实例可通过--gh-host github.mycorp.com 或 GITHUB_HOST 指定域名。

7.1.2 示例：GitHub 工作流的自动化

下面展示大模型如何创建 Issue、提交 PR、合并 PR，并在结束后关闭 Issue。

使用 JavaScript 实现：

```javascript
import {MCPClient} from "@modelcontextprotocol/sdk/client/node.js";

(async()=>{

// 连接本地的 GitHub MCP 服务器（默认为标准输入/输出）
  const gh=new MCPClient({stdio:true});
  await gh.connect();

  // 1.创建 Issue
  const issue=await gh.executeTool("create_issue",{
    owner:"user",
    repo:"demo",
    title:"Bug:无法登录",
    body:"重现步骤..."
  });
  const num=issue.issue_number;

  // 2.新建分支并推送修复（假设大模型已生成补丁文件）
  await gh.executeTool("create_branch",{
    owner:"user",repo:"demo",
    branch_name:`fix-login-${num}`,
    source_branch:"main"
  });
  await gh.executeTool("commit_files",{
    owner:"user",repo:"demo",
    branch:`fix-login-${num}`,
    commit_message:"fix:登录异常(#"+num+")",
    files:[{path:"auth.js",content:"/*修复代码*/"}]
  });

  // 3.发起拉取请求
  const pr=await gh.executeTool("create_pull_request",{
    owner:"user",repo:"demo",
    head:`fix-login-${num}`,
    base:"main",
    title:`修复登录异常(#${num})`,
    body:"自动生成的修复 PR"
```

```
  });

  // 4.合并 PR 并关闭 Issue
  await gh.executeTool("merge_pull_request",{
    owner:"user",repo:"demo",
    pull_number:pr.number,
    merge_method:"squash"
  });
  await gh.executeTool("update_issue",{
    owner:"user",repo:"demo",
    issue_number:num,
    state:"closed"
  });

  await gh.disconnect();
})();
```

通过上面的代码示例可以看出,GitHub MCP 服务器默认挂载整套 API 来保证"立案→修复→合并"的链路闭环。为使该自动化流程在不同的场景中更轻量且可控,可通过以下工具集管理机制灵活裁剪和扩展功能。

- 工具集可裁剪:若只需 Issue 管理,则把 GITHUB_TOOLSETS 设为 issues 即可减少大模型混淆问题的发生。
- 动态发现:添加 --dynamic-toolsets 后,大模型可按对话上下文请求开启额外的 API,避免一次性加载全部工具。
- 自定义描述:将 github-mcp-server-config.json 放在可执行文件旁,可覆盖任意工具提示文本,或用 GITHUB_MCP_<TOOL>_DESCRIPTION 环境变量实现实时覆盖。
- 安全审计:所有调用记录均可通过 VSCode Agent Mode 或 MCP Inspector 查看,方便回溯。

通过 GitHub MCP 服务器,大模型获得了受控、可审计的 GitHub 超能力——从自动化 Issue 到一键合并 PR,再到安全扫描与代码审查,大幅提升了开发协作与 DevSecOps 的效率。

7.2 Gitee MCP 服务器

Gitee MCP 服务器实现了 Gitee 完整的仓库、Issue、PR 与通知等 API 封装，让大模型可以安全、受控地直接操作 Gitee 代码库及协作流程。该服务器可通过 Docker 或单个二进制文件运行，并支持通过命令行或环境变量切换至私有 Gitee 实例、选择标准输入/输出或 SSE 方式、工具集裁剪。

7.2.1 基础设置

1. 准备工作

安装 Go 1.23 及以上版本。若用 Docker 镜像，则无须预装语言环境。

通过 Gitee 的个人设置→安全设置→访问 Token 页面生成 Personal Access Token，勾选 projects issues pull_requests gists notes 等所需的作用域 Gitee。

2. 获取并运行 Gitee MCP 服务器

代码如下：

```
# 方法1：一键拉取官方预构建的镜像（推荐）
docker run -i --rm \
 -e GITEE_ACCESS_TOKEN=<TOKEN> \
 oschina/mcp-gitee:latest            # 默认为标准输入/输出

# 方法2：源码编译
git clone https://git**.com/oschina/mcp-gitee.git
cd mcp-gitee && make build           # 生成./bin/mcp-gitee
./bin/mcp-gitee -token <TOKEN> -transport sse   # 切换到 SSE
```

既可将-api-base 替换为我们私有的 Gitee 地址，如 https://git**.mycorp.com/api/v5；也可预先导出环境变量 GITEE_API_BASE 和 GITEE_ACCESS_TOKEN，以省去在命令行中显式传参的步骤。

3. 集成 Claude Desktop

在 claude_desktop_config.json 中添加以下代码：

```
{
  "mcpServers":{
    "gitee":{
      "command":"mcp-gitee",
      "env":{
        "GITEE_API_BASE":"https://git**.com/api/v5",
        "GITEE_ACCESS_TOKEN":"${giteeToken}"
      }
    }
  }
}
```

保存配置并重启 Claude Desktop 后，在 Claude Desktop 工具列表中会出现 create_issue、merge_pull 等 20 多个 Gitee 工具。

7.2.2 示例：Gitee 工作流的自动化

下面演示大模型如何自动创建 Issue、提交 PR、合并 PR，并关闭 Issue。

使用 Python 实现：

```python
from mcp_client import MCPClient  # 假设已安装官方的 Python SDK

# 连接本地 mcp-gitee 服务器
client=MCPClient(transport="stdio")
client.connect()

# 1.创建 Issue
issue=client.execute_tool("create_issue",{
    "owner":"user","repo":"demo",
    "title":
"登录失败","body":"复现步骤..."
})
num=issue["issue_number"]

# 2.基于 Issue 新建分支并提交修复
client.execute_tool("create_branch",{
    "owner":"user","repo":"demo",
```

```
    "branch_name":f"fix-login-{num}
",
    "source_branch":"master"
})
client.execute_tool("commit_files",{
    "owner":"user","repo":"demo",
    "branch":f"fix-login-{num}
",
    "commit_message":f"fix:登录失败#{num}",
    "files":[{"path":"auth.py","content":"#修复代码"}]
})

# 3.发起拉取请求并合并 PR
pr=client.execute_tool("create_pull",{
    "owner":"user","repo":"demo",
    "head":f"fix-login-{num}
",
    "base":"master",
    "title":f"修复登录失败#{num}"
})
client.execute_tool("merge_pull",{
    "owner":"user","repo":"demo",
    "pull_number":pr["number"]
})

# 4.关闭 Issue
client.execute_tool("update_issue",{
    "owner":"user","repo":"demo",
    "issue_number":num,
    "state":"closed"
})

client.disconnect()
```

将 create_issue 等工具映射到 Gitee 中，对应 REST API，例如 POST/repos/{owner}/{repo}/issues。

新建分支与提交修复通过 Git 后端实现，PR 接口对应 POST/repos/{owner}/{repo}/pulls。

合并 PR 时使用 PUT/repos/{owner}/{repo}/pulls/{number}/merge，服务器会自动处理冲突与校验权限。

所有调用均被写入 MCP Inspector 日志，支持审计与回放。

若企业的私有 Gitee 需二次认证，则可在启动时追加-api-base，并配置 VPN 或内网域名，无须改动工具。

7.3 Gitea MCP 服务器

Gitea MCP 服务器由 Gitea 官方推出，为 Claude Desktop、Cursor 等 AI 客户端提供"对话式操控 Gitea 代码库"的功能——大模型可以直接用自然语言创建仓库、分支、Issue 与 PR，并通过 API 工具集自动完成合并、搜索与代码审查，可显著提升协作效率。

7.3.1 基础设置

1. 获取并部署服务器

首先，准备访问 Token。登录 Gitea 后，在 Settings→Applications 页面单击 Generate New Token 选项，勾选 projects、issues、pull_requests 等所需的作用域。

然后，下载或编译二进制文件。既可直接在 Releases 页面获取预编译包，也可使用 git clone 命令 https://git**.com/gitea/gitea-mcp.git&&make build 自行编译。

Gitea MCP 服务器的运行方式如下。

标准输入/输出方式（本地集成的最简单方式）：

```
gitea-mcp -t stdio --host https://git**.com --token <TOKEN>
```

服务器将通过标准输入/输出方式传递 MCP 消息流。

SSE 方式（适用于分布式与容器环境）：

```
gitea-mcp -t sse --host https://git**.com --token <TOKEN> --port 8080
```

在客户端配置 URL 为 http://localh**t:8080/sse 即可连接服务器。

2. 在 Claude Desktop 或其他客户端中启用

将以下代码加入 claude_desktop_config.json，即可让 Claude Desktop 自动发现工具：

```
"mcpServers":{
  "gitea":{
    "command":"gitea-mcp",
"args":["-t","stdio","--host","https://git**.com","--token","${gitea Token}"]
  }
}
```

在"MCP 设置"中填写同样的参数，即可连通 Cursor 等客户端，并可通过命令 gitea mcp server version 验证。

3. 可用工具与安全控制

Gitea MCP 内置近 30 个工具，覆盖仓库、文件、Issue、PR、搜索等典型场景，如 create_repo、create_issue、create_pull_request、list_repo_commits 等。若要精简工具集，则可在启动时追加—toolsets repos,issues 或设置环境变量 GITEE_TOOLSETS，只暴露必需 API。

7.3.2 示例：Bug 修复流程的自动化

下面使用官方的 Python MCP 客户端，演示自动修复 Bug 的完整链路。

使用 Python 实现：

```
from mcp_client import MCPClient    # 官方 Python SDK
client=MCPClient(transport="stdio")   # 连接本地服务
client.connect()

# 1.创建 Issue 来记录 Bug
issue=client.execute_tool("create_issue",{
    "owner":"demoUser",
    "repo":"demoProj",
    "title":"登录失败",
    "body":
```

```python
    "单击登录按钮返回500"
})
issue_no=issue["issue_number"]

# 2.基于Issue创建分支并提交修复
client.execute_tool("create_branch",{
    "owner":"demoUser","repo":"demoProj",
    "branch_name":f"fix-login-{issue_no}
",
    "source_branch":"main"
})
client.execute_tool("commit_files",{
    "owner":"demoUser","repo":"demoProj",
    "branch":f"fix-login-{issue_no}
",
    "commit_message":f"fix:登录失败#{issue_no}",
    "files":[{"path":"auth/login.go","content":"// 修复代码"}]
})

# 3.提交PR并请求合并
pr=client.execute_tool("create_pull_request",{
    "owner":"demoUser","repo":"demoProj",
    "head":f"fix-login-{issue_no}
",
    "base":"main",
    "title":f"修复登录失败#{issue_no}"
})
pr_no=pr["number"]

# 4.合并PR并关闭Issue
client.execute_tool("merge_pull_request",{
    "owner":"demoUser","repo":"demoProj",
    "pull_number":pr_no,
    "merge_method":"squash"
})
client.execute_tool("update_issue",{
    "owner":"demoUser","repo":"demoProj",
    "issue_number":issue_no,
    "state":"closed"
})

client.disconnect()
```

所有工具均被一一映射为 Gitea REST API，如 POST/repos/{owner}/{repo}/

issues、PUT /repos/{owner}/{repo}/pulls/{index}/merge 等，调用完即可返回 JSON 结果供大模型判断。

服务器会校验 Token 作用域，若权限不足，则返回 403，并在 MCP Inspector 日志中注明，便于调试。

若团队使用自建的 Gitea 实例，则只需把--host 与 GITEE_API_BASE 指向私有域名，无须修改其他逻辑。

通过 get_gitea_mcp_server_version 可随时检查服务器版本，配合 CI 流程确保工具的兼容性。

借助 Gitea MCP 服务器，AI 助手可以在安全、受控的前提下参与"提交 Issue→写补丁→打开 PR→合并代码"的整个流程，让团队协作从此进入"对话即交付"的新阶段。

7.4 mcp-git-ingest

该服务器通过@mcp.tool()定义了两个核心工具：git_directory_structure(repo_url: str)，用于生成仓库目录的树状视图；git_read_important_files(repo_url: str, file_paths: List[str])，用于读取指定文件的内容。

7.4.1 基础设置

1. 环境依赖

安装 Python 3.8.0 及以上版本，依赖列表有 fastmcp、gitpython、uvicorn（在 pyproject.toml 中指定）。

安装 fastmcp：

```
pip install fastmcp
```

安装 GitPython：

```
pip install GitPython
```

2. 环境配置

在 MCP 客户端配置文件中添加以下 mcpServers 节点：

```
{
  "mcpServers": {
    "mcp-git-ingest": {
      "command": "uvx",
      "args": ["--from","git+https://git***.com/adhikasp/mcp-git-ingest","mcp-git-ingest"]
    }
  }
}
```

7.4.2 示例：GitHub 的仓库结构与文件读取

使用 Python 实现：

```
from mcp_git_ingest.main import git_directory_structure,git_read_important_files

if __name__=="__main__":
    repo_url="https://git***.com/adhikasp/mcp-git-ingest"
    # 克隆仓库并生成目录结构
    tree=git_directory_structure(repo_url)
    print("仓库目录结构：\n",tree)

    # 读取指定文件的内容
    files=["README.md","pyproject.toml"]
    contents=git_read_important_files(repo_url,files)
    for path,content in contents.items():
        print(f"文件路径：{path}\n 内容：\n{content}\n")
```

在以上示例中，git_directory_structure(repo_url)函数基于 SHA256 散列值生成唯一的临时目录，并使用 Git Python 完成克隆或复用操作，随后通过 get_directory_tree(path,prefix)递归生成树状目录结构；git_read_important_files(repo_url,files)依次读取指定文件，并返回文件路径与内容的映射，方便大模型在上下文中快速获取仓库元信息。

7.5 github-enterprise-mcp

github-enterprise-mcp 是 containerelic 发布的一种 MCP 服务器，专为 GitHub Enterprise 环境而设计，同时兼容 GitHub.com 和 GitHub Enterprise Cloud。该服务器提供了检索仓库列表、获取详细仓库信息、列出分支、查看文件和目录内容、管理 Issue 和 PR、仓库和用户管理等丰富的功能。通过在 Cursor 等客户端配置 mcpServers 节点，开发者可在 AI 会话中直接调用这些工具，实现对 GitHub Enterprise 功能的原生访问。

7.5.1 基础设置

在使用该服务器之前，需要在系统中安装 Node.js 18 及以上版本。

在环境变量中设置 GITHUB_TOKEN（个人访问 Token）和 GITHUB_ENTERPRISE_URL（GitHub Enterprise API 地址）。

该服务器支持通过 Docker 与 Docker Compose 部署，也可在克隆仓库后通过执行 npm install 和 npm run dev 进行本地开发。

对于生产环境，推荐通过 URL 模式部署并通过 node dist/index.js --transport http --debug 命令启动服务。

7.5.2 示例：github-enterprise-mcp 的部署与访问

通过 Docker 快速启动 github-enterprise-mcp 服务器：

```
# 使用 Docker 快速启动 github-enterprise-mcp 服务器
docker build -t github-enterprise-mcp .
docker run -p 3000:3000 \
  -e GITHUB_TOKEN="your_token" \
  -e GITHUB_ENTERPRISE_URL="https://git***.your-company.com/api/v3" \
  -e DEBUG=true \
  github-enterprise-mcp

# 在 Cursor 中配置 URL 模式
# .cursor/mcp.json
```

```
{
  "mcpServers": {
    "github-enterprise": {
      "url": "http://localhost:3000/sse"
    }
  }
}
```

在该示例中，通过运行 Docker 容器并配置环境变量，该服务器将监听本地 3000 端口，并以 HTTP 暴露 SSE 端点，AI 客户端可通过 URL 模式直接订阅工具调用流。

通过以上示例可以快速部署与原生访问 GitHub Enterprise 的功能，支持分支列表、Issue 管理、PR 管理，以及企业统计查询等多个工具调用。

第 8 章

数据库交互

8.1　Aiven MCP 服务器

8.2　genai-toolbox

8.3　mcp-clickhouse

8.4　chroma-mcp

8.5　mcp-confluent

本章介绍"让大模型直连云端与本地数据底座"的 5 种 MCP 服务器。

（1）Aiven MCP 服务器：仅需配置 AIVEN_BASE_URL 与 AIVEN_TOKEN 两个环境变量即可部署该服务器，构建从项目查询到动态生成连接字符串的全栈数据流。

（2）genai-toolbox（由 Google 开源）：支持在不重启应用的情况下将工具注入 LangGraph、LangChain 或自建的 Agent，实现安全、可观测的 SQL 执行和后端访问。

（3）mcp-clickhouse：是由 ClickHouse 官方维护的 MCP 服务，自动管理连接池、超时、SSL 及权限收敛，为大模型与列式分析引擎的集成提供了最快的路径。

（4）chroma-mcp：以向量检索为核心，提供 create_collection、add_documents、query_documents 等工具，兼容内存、文件、HTTP 与 Cloud 四种客户端，只通过一行命令便可完成全文本搜索与元数据过滤。

（5）mcp-confluent：将 Confluent Cloud 的 Kafka 主题、连接器与 FlinkSQL 映射成 kafka_create_topic、kafka_produce 等接口，只需通过 .env 文件注入 API 密钥，即可在 AI 对话中实现消息生产、主题管理与流计算。

通过学习本章内容，读者将掌握从关系数据库、列式仓库、向量存储到实时流平台的全栈数据接入方案，为实现生成式 AI 应用奠定安全、可观测、可扩展的数据基础。

8.1 Aiven MCP 服务器

大模型可通过 Aiven MCP 服务器直接访问 Aiven 平台的 PostgreSQL、Kafka、ClickHouse、Valkey、OpenSearch 及其原生连接器。该服务器以 MCP 暴露 list_projects、list_services、get_service_details 等工具，使大模型能安全地查询项目与服务详情、动态生成连接字符串，并构建全栈数据流，仅需配置 AIVEN_BASE_URL 和 AIVEN_TOKEN 两个环境变量即可完成部署。

8.1.1 基础设置

1. 环境准备

注册 Aiven，并在 Profile→Tokens 中创建 Personal Access Token，至少勾选 read 权限，即可查询项目信息。

安装 uv 包管理器，用于拉起 Python 运行时。推荐在开发机中执行 pipx install uv 命令。

2. 安装与启动

```
# 克隆仓库
git clone https://git***.com/Aiven-Open/mcp-aiven.git
cd mcp-aiven

# 用 uv 工具启用标准输入/输出方式
uv --directory $(pwd) run --with-editable $(pwd) --python 3.13 mcp-aiven
```

在启动 Aiven MCP 服务器前，需要导出环境变量：

```
代码块
export AIVEN_BASE_URL=https://ap*.aiven.io    # Aiven API 的地址
export AIVEN_TOKEN=<读者的 Token>              # 访问 Token
```

Aiven MCP 服务器在启动后会在标准输入/输出流中输出 server_metadata，表示握手成功，可被 Claude Desktop、Cursor 等 MCP 客户端自动发现。

3. 客户端集成示例（Claude Desktop）

在 claude_desktop_config.json 文件中添加以下代码：

```
{
  "mcpServers":{
    "mcp-aiven":{
      "command":"uv",
"args":["--directory","/Users/me/mcp-aiven","run","--with-editable",
"/Users/me/mcp-aiven","--python","3.13","mcp-aiven"],
"env":{"AIVEN_BASE_URL":"https://ap*.aiven.io","AIVEN_TOKEN":"${aive
nToken}
```

```
"}
    }
  }
}
```

保存后重启 Claude Desktop，即可在工具面板中看到 Aiven MCP 服务器的相关指令。

Aiven MCP 服务器在本地运行，用户需自行负责 Token 的保管及更新工作。其官方强调，应遵循最小权限原则，并定期轮换 Token。

8.1.2 示例：查询项目与获取服务详情

下面演示如何让大模型列出项目、提供查询服务，并获取服务详情。

使用 Python 实现：

```
from mcp_client import MCPClient    # 官方 Python SDK

# 建立标准输入/输出连接
client=MCPClient(transport="stdio")
client.connect()

# 1.列出所有项目
projects=client.execute_tool("list_projects",{})
print("项目列表:",projects)

# 2.选取第一个项目名
project=projects["projects"][0]["project_name"]

# 3.列出该项目下的所有服务
services=client.execute_tool("list_services",{"project_name":project
})
print("服务列表:",[s["service_name"] for s in services["services"]])

# 4.获取首个服务的详细信息
service_name=services["services"][0]["service_name"]
details=client.execute_tool("get_service_details",{
    "project_name":project,
    "service_name":service_name
})
print("服务详情:",details)
```

```
client.disconnect()  # 断开连接
```

list_projects 调用 GET /projectAPI，返回当前账户中的全部项目列表。

list_services 对应 GET/project/{project}/services，可获取服务类型、状态、云区域等关键信息。大模型可据此决定后续操作，例如，创建数据库连接字符串或配置 Kafka 流向。

get_service_details 返回端口、用户、SSL 证书与连接端点等参数，供大模型动态拼接 DSN，并写入 .env 文件或 Secrets Manager。在生成信息前，会自动过滤密码等敏感字段，避免意外泄露。

如需扩展备份、扩容或连接器管理等功能，则可在启动时添加 --toolsets admin, connectors 开启更多 API。可在 README.md 文档中查看工具清单的完整描述。

通过 Aiven MCP 服务器，大模型不再局限于静态代码生成，而是能真正对接云端数据基础设施，随时查询实例状态，分配连接信息，以及触发备份与扩容操作。

8.2 genai-toolbox

genai-toolbox 是由 Google 开源的 MCP 服务器，提供了与自身配套的 SDK 工具集，可帮助开发者将数据库的读写功能封装为可热更新的工具，并将其注入 LangGraph、LangChain 或自建的 Agent。genai-toolbox 负责连接池、鉴权、监控等，使大模型可以安全、快速、可观测地访问 PostgreSQL 等后端数据源，同时支持在不重启应用的情况下热更新工具。

8.2.1 基础设置

1. 准备环境

安装 Python 3.9 及以上版本，并安装 pip 与虚拟环境工具。在 Google 官方的示例中，默认将 PostgreSQL 16 及以上版本作为演示数据库。

克隆仓库或者通过 pip install genai-toolbox 命令获取最新的发布包。如在本地开发，则推荐使用 GitHub 源码，以便浏览示例和文档。

2. 安装并运行服务器

代码如下：

```
git clone https://git***.com/googleapis/genai-toolbox.git
cd genai-toolbox
uv pip install -e .                          # 以开发模式安装
export
TOOLBOX_DATABASE_URL=postgresql://user:pass@localhost:5432/sample
export TOOLBOX_ADMIN_TOKEN=dev-secret        # 管理口令
python -m toolbox.server --transport stdio   # 以标准输入/输出方模式启动
```

通过以上代码会启动一个监听标准输入/输出流的 MCP 服务器实例，加载默认的 config.yaml 文件中描述的工具。如需 SSE，则可增加命令 --transport sse --port 7070。

3. 集成 SDK

Google 官方提供了 genai-toolbox-langchain-python 与 toolbox-sdk-python 两种客户端，只需 10 行代码即可将工具注入 VertexAI、Gemini 或任意 LangGraph 节点。

8.2.2 示例：将 LangGraph 与 Toolbox 集成

下面演示如何在 LangGraph 中注册一个查询工具，并让大模型运行 SQL 语句。

使用 Python 实现：

```
# 安装依赖
# uv pip install langgraph genai-toolbox-langchain-python
google-cloud-aiplatform

from toolbox_sdk import ToolboxClient            # SDK 客户端
from langgraph.graph import StateGraph,tool

# 1.连接本地 Toolbox 服务
client=ToolboxClient(transport="stdio")
```

```python
# 2.通过SDK拉取工具元数据
tools=client.load_tools(toolset="default")

# 3.创建LangGraph节点
@tool
def run_query(question:str)->str:
    """Agent调用的数据库查询工具"""
    sql=f"SELECT answer FROM faq WHERE question='{question}'"
    # 实际的执行操作由Toolbox代理
    res=client.invoke_tool("run_sql",{"statement":sql})
    return res.get("rows")[0][0]

# 4.构建简单的图
graph=StateGraph()
graph.add_node(run_query)
graph.set_entrypoint(run_query)

if __name__=="__main__":
    print(graph.invoke("今天的汇率?"))
```

ToolboxClient 通过标准输入/输出方式与服务器对话，load_tools 会将在 yaml 文件中声明的所有数据库工具都转换成 Python 可调用的对象。

在 LangGraph 中用@tool 包装，增加一行命令 client.invoke_tool，即可将实际的 SQL 语句执行操作委托给服务器，在大模型侧看不到密码或连接细节。

Toolbox 服务端负责连接池与重试，将运行状态同时上报至 Open Telemetry，以便在 Cloud Trace 或 Grafana 中观测链路。

如需切换到 Llama Index，则需要改用 LlamaIndex Tool Loader 加载工具，其他逻辑保持不变。

通过环境变量 TOOLBOX_TOOLSETS 可限制暴露的工具，或用/admin/reloadAPI 在生产过程中热更新工具，保证零停机的状态。

借助 genai-toolbox，我们可以在几分钟内把"数据库+大模型"变成真正可落地的智能体方案：既保留了 LangGraph 的灵活编排机制，又实现了企业级连接管理、安全与观测，彻底告别"用 Python 在 Prompt 里手动拼接 SQL 语句"的原始做法，让生成式 AI 应用更稳、更快、更安全。

8.3 mcp-clickhouse

mcp-clickhouse 专门用于将 ClickHouse 的只读查询功能封装为 run_select_query、list_databases 和 list_tables 三大工具。大模型只要调用这些工具，就能安全地浏览数据库表和执行 readonly=1 的只读 SQL 查询操作，该服务器则自动管理连接池、超时、SSL 及权限收敛。mcp-clickhouse 支持标准输入/输出和 SSE 两种方式，是将大模型接入列式数据库的最快路径。

8.3.1 基础设置

1. 环境变量与最低要求

mcp-clickhouse 用环境变量注入连接信息，其中，CLICKHOUSE_HOST、CLICKHOUSE_USER、CLICKHOUSE_PASSWORD 是必填项，端口、TLS、超时等可选字段有默认的安全值。

mcp-clickhouse 由 Python 3.13 及以上版本、clickhouse-connect 驱动，官方脚本在 mcp_clickhouse.main:main 入口中，可通过 uv 工具一次性拉取依赖。

2. 安装与启动（标准输入/输出方式）

代码如下：

```
pipx install uv                                    # 若未安装 uv 工具
uv run --with mcp-clickhouse --python 3.13 mcp-clickhouse
```

在启动前导出最小环境变量：

```
export CLICKHOUSE_HOST=sql-clickhouse.clickhouse.com
export CLICKHOUSE_USER=demo
export CLICKHOUSE_PASSWORD=
```

该服务器在启动后，会立即通过标准输入/输出方式发送 server_metadata 握手包，该握手包可被 Claude Desktop 或 Cursor 自动识别。

3. 切换到 SSE 服务

若要在 Docker 或多用户环境中独立监听端口，则可改用：

```
uv run --with mcp-clickhouse --python 3.13 mcp-clickhouse --transport sse --port 8090
```

在客户端中，只需将 URL 指向 http://localh**t:8090/sse 即可。

4. 集成到 Claude Desktop

在 claude_desktop_config.json 文件中添加以下代码：

```
"mcpServers":{
  "mcp-clickhouse":{
    "command":"uv",
"args":["run","--with","mcp-clickhouse","--python","3.13","mcp-clickhouse"],
    "env":{
      "CLICKHOUSE_HOST":"${host}",
      "CLICKHOUSE_USER":"${user}",
      "CLICKHOUSE_PASSWORD":"${pwd}",
      "CLICKHOUSE_SECURE":"true",
      "CLICKHOUSE_VERIFY":"true"
"
    }
  }
}
```

保存并重启 Claude Desktop 后，在工具列表中就会出现 ClickHouse 条目。

5. 最佳实践与安全

- 最小权限：为 MCP 单独创建账户，只授予 readonly 权限或具体库的 SELECT 权限，切勿使用默认的 default 或 admin 账户。
- TLS 验证：在生产环境中保持 CLICKHOUSE_SECURE=true 与 CLICKHOUSE_VERIFY=true，避免中间人攻击（MITM 攻击）。
- 连接超时：若要进行长查询，则可延长 CLICKHOUSE_SEND_RECEIVE_TIMEOUT；若要使用内网，则建议缩短 CLICKHOUSE_SEND_RECEIVE_TIMEOUT，防止无效连接占用线程。

8.3.2 示例：查询与分析数据

下面演示大模型（或手写脚本）如何列库、查表，并执行分析和查询操作。

使用 Python 实现：

```python
from mcp_client import MCPClient    # 官方 Python SDK
client=MCPClient(transport="stdio")  # 连接本地服务
client.connect()

# 1.列出所有数据库
dbs=client.execute_tool("list_databases",{})
print("数据库:",[d["name"] for d in dbs["databases"]])

# 2.列出 system 数据库中的表
tables=client.execute_tool("list_tables",{"database":"system"})
print("system 库表:",[t["name"] for t in tables["tables"]])

# 3.查询某张表的前 10 行
sql="SELECT name,bytes FROM system.databases LIMIT 10"
result=client.execute_tool("run_select_query",{"sql":sql})
for row in result["rows"]:
    print(row)

client.disconnect()
```

list_databases 和 list_tables 分别对应 ClickHouse 表中的 system.databases 和 system.tables，在 mcp-clickhouse 内部调用 clickhouse-connect，以只读模式发送 HTTP 请求。

run_select_query 强制 readonly=1，并对 SQL 语句进行正则校验，阻断 ALTER/INSERT 等写操作，防止误改数据。

返回值的结构固定为 rows+meta，便于大模型根据字段名生成 Markdown 表或进一步统计分析。当查询时长超出 CLICKHOUSE_SEND_RECEIVE_TIMEOUT 时，会自动返回 status:timeout，供大模型二次处理。

如需查询 ClickHouse Cloud，则可直接将 CLICKHOUSE_HOST 换成<cluster>.clickhouse.cloud:8443，并保持 TLS 开关开启，无须改动其他逻辑。

通过 mcp-clickhouse，大模型与列式分析引擎之间只隔着 3 个工具调用过程，只需配置一次，即可让大模型在安全沙箱中实现快速统计、指标生成与报表解释，为实时分析与 AI 对话式商业智能奠定了坚实基础。

8.4 chroma-mcp

chroma-mcp 基于 MCP 的数据库能力进行扩展，利用 Chroma 向大模型提供向量检索、全文本搜索和元数据过滤等功能，让 AI 应用能够高效地创建和查询数据集合。

8.4.1 基础设置

1. 环境依赖

安装 Python 3.10 及以上版本。推荐使用虚拟环境（如 venv 或 conda）进行隔离安装。

2. 安装方式

标准安装：

```
pip install chroma-mcp-server
```

使用 uvx 安装（推荐 Cursor 用户使用）：

```
uv pip install chroma-mcp-server
```

完整版安装（包含所有嵌入模型）：

```
pip install "chroma-mcp-server[full]"
```

3. 启动 Docker

```
FROM python:3.10-slim            # 基于 Python 3.10 镜像
WORKDIR /app                     # 设置工作目录
COPY . /app                      # 复制项目文件
RUN pip install .                # 安装依赖
CMD ["chroma-mcp"]               # 启动 MCP 服务器
```

4. 客户端类型

支持以下多种 Chroma 客户端，用于不同场景中的存储与检索操作。

- Ephemeral（内存）。
- Persistent（文件存储）。
- HTTP（自托管实例）。
- Cloud（Chroma Cloud）。

8.4.2 示例：基于 CLI 进行文档管理

使用 Python 实现：

```python
import json
import subprocess

def call_mcp(tool_name: str, args: dict):
    """
    调用 chroma-mcp CLI 工具，并返回解析后的 JSON 结果
    """
    # 构造 MCP 请求消息
    request = json.dumps({
        "type": "tool",
        "name": tool_name,
        "args": args
    })
    # 调用 chroma-mcp，发送请求并捕获输出的内容
    proc = subprocess.run(
        ["chroma-mcp"],
        input=request,
        text=True,
        capture_output=True
    )
    if proc.returncode != 0:
        raise RuntimeError(f"工具调用失败：{proc.stderr}")
    # 解析最后一行的 JSON 响应
    last_line = proc.stdout.strip().splitlines()[-1]
    return json.loads(last_line)

if __name__ == "__main__":
    # 创建名为 my_docs 的集合
```

```
create_resp = call_mcp("chroma_create_collection", {
    "collection_name": "my_docs"
})
print("创建集合响应：", create_resp)

# 添加两个文档
add_resp = call_mcp("chroma_add_documents", {
    "collection_name": "my_docs",
    "documents": ["Hello world", "Chroma MCP"],
    "ids": ["doc1", "doc2"]
})
print("添加文档响应：", add_resp)

# 执行语义查询操作
query_resp = call_mcp("chroma_query_documents", {
    "collection_name": "my_docs",
    "query_texts": ["Chroma"],
    "n_results": 2,
    "include": ["documents", "distances"]
})
print("查询结果：", query_resp)
```

该脚本通过 Python 的 subprocess 模块直接调用 chroma-mcp 的可执行文件，并通过 MCP 完成交互。在该示例中，调用 chroma_create_collection 创建集合，调用 chroma_add_documents 添加文档并指定唯一 ID，调用 chroma_query_documents 根据文本进行向量检索且返回文档内容与相似度距离。在整个流程中，自动将 JSON 消息发给 MCP 服务器，解析其标准输出中的响应，在实际的文档管理与检索中极具价值。

8.5 mcp-confluent

mcp-confluent 是由 TypeScript 实现的 MCP 服务器，能够将自然语言工具调用转译为对 Confluent Cloud REST API 的 HTTP 请求，从而让 AI 助手（如 Claude Desktop、Goose CLI）管理 Kafka 主题、连接器和 Flink SQL 语句。

8.5.1 基础设置

1. 环境依赖

安装 Node.js 22.x 及以上版本,并确保处于 Active LTS 状态,推荐使用 NVM 管理器进行安装和切换。Node.js 22 在 2025 年 2 月进入 Active LTS 状态,将于 2025 年 10 月转入 Maintenance LTS 状态,并在 2027 年 4 月结束维护。

2. 克隆仓库

代码如下:

```
git clone https://git***.com/confluentinc/mcp-confluent.git
cd mcp-confluent
```

3. 配置环境变量

将根目录下的 .env.example 文件复制为 .env 文件。在 .env 文件中填入以下核心变量:

- BOOTSTRAP_SERVERS;
- KAFKA_API_KEY / KAFKA_API_SECRET;
- KAFKA_REST_ENDPOINT / KAFKA_CLUSTER_ID / KAFKA_ENV_ID;
- FLINK_API_KEY / FLINK_API_SECRET / FLINK_REST_ENDPOINT / FLINK_ENV_ID;
- SCHEMA_REGISTRY_API_KEY / SCHEMA_REGISTRY_API_SECRET / SCHEMA_REGISTRY_ENDPOINT。

这些变量对应 Confluent Cloud REST API 中的凭证和端点配置。

4. 安装依赖

代码如下:

```
npm install
```

也可以全局安装 CLI:

```
npm install -g @confluentinc/mcp-confluent
```

5. 构建与启动

开发模式（自动重载）：

```
npm run dev
```

生产模式：

```
npm run build
npm run start
```

免构建直接运行：

```
npx @confluentinc/mcp-confluent -e .env
```

8.5.2 示例：Kafka 的主题与消息管理

使用 JavaScript 实现：

```javascript
# !/usr/bin/env node
/**
 * 使用 mcp-confluent CLI 管理 Kafka 的主题与消息
 */
const { spawnSync } = require('child_process');

// 封装调用 MCP 服务器的函数
function callMCP(tool, args) {
  const req = JSON.stringify({ type:'tool', name:tool, args });
  const result = spawnSync(
    'npx',
    ['@confluentinc/mcp-confluent','-e','.env'],
    { input:req, encoding:'utf-8' }
  );
  if (result.error || result.status !== 0) {
    console.error('MCP 调用失败: ', result.stderr);
    process.exit(1);
  }
  // 解析最后一行 JSON 响应
  const out = result.stdout.trim().split('\n').pop();
  return JSON.parse(out);
}

if (require.main === module) {
  // 1.创建主题
```

```javascript
const createRes = callMCP('kafka_create_topic',{
  topic_name:'my_topic',
  partitions:3,
  replication_factor:1
});
console.log('创建主题响应: ', createRes);

// 2.发送消息
const prodRes = callMCP('kafka_produce',{
  topic_name:'my_topic',
  records:[{ key:'key1', value:'Hello MCP' }]
});
console.log('生产消息响应: ', prodRes);

// 3.查询主题元数据
const metaRes = callMCP('kafka_get_topic',{ topic_name:'my_topic' });
console.log('主题元数据: ', metaRes);
}
```

该脚本通过 Node.js 的 child_process.spawnSync 及 npx @confluentinc/mcp-confluent -e .env 命令启动 mcp-confluent，并完成了以下操作。

- 使用 kafka_create_topic 工具创建名为 my_topic、分区数为 3、副本因子为 1 的 Kafka 主题。
- 使用 kafka_produce 工具向 my_topic 发送一条键值对消息，示例中的消息值为 Hello MCP。
- 使用 kafka_get_topic 工具查询主题元数据，包括分区和副本信息等。

以 JSON 格式通过标准输入方式传递所有调用，以 JSON 格式从标准输出中读取响应，流程简洁且具有主题管理和消息生产价值。

第 9 章
数据分析与可视化

9.1 mcp-vegalite-server

9.2 keboola-mcp-server

9.3 mcp-server-axiom

9.4 opik-mcp

9.5 mindmap-mcp-server

本章介绍 5 种数据与可视化相关的 MCP 服务器。

（1）mcp-vegalite-server：提供了 save_data 和 visualize_data 两大工具，大模型可将任意表格中的数据都缓存至服务端，并根据 Vega-Lite 规范将数据渲染为 JSON 或 PNG 图表，免去前端依赖，只需使用一条指令即可生成直观、可解释的可视化输出。

（2）keboola-mcp-server：借助 Keboola Connection 的 Storage API，将数据仓库中的桶（buckets）、表（tables）和导出任务封装为多个 MCP 工具，大模型只需调用 list_buckets、preview_table、export_table 等，即可完成从数据预览到批量导出的整个流程，真正实现"对话式 ETL"。

（3）mcp-server-axiom：让大模型在受控的沙箱通过 listDatasets 和 queryApl 两个接口访问 Axiom 的日志与指标存储服务，支持 APL（Axiom Processing Language）查询并返回最多 65000 行结果，适合实时指标聚合与异常追踪。

（4）opik-mcp：为 Opik 平台统一了 projects、prompts、metrics 等资源的查询与管理接口，可配合 IDE 插件在本地脚本内自动化运维实验流程。

（5）mindmap-mcp-server：将 Markdown 文件实时转换为交互式思维导图，支持返回 HTML 页面或文件路径，可将文本知识轻松变成可视化大纲。

通过学习本章内容，读者将掌握从数据查询、日志检索到图表和思维导图生成的完整过程，为大模型驱动的分析、汇报与知识可视化奠定坚实基础。

9.1　mcp-vegalite-server

mcp-vegalite-server 是用 Python 实现的轻量级 MCP 服务器，为大模型提供了两种数据可视化能力：把表格中的数据缓存到本地（save_data），以及依据 Vega-Lite 规范渲染图表（visualize_data），返回的渲染结果既可以是完整的 Vega-Lite JSON，也可以是 PNG 图像。

9.1.1 基础设置

1. 依赖与环境变量

mcp-vegalite-server 基于 mcpSDK 和 vl-convert-python，在 Python 3.10 及以上版本中运行，在 pyproject.toml 中声明核心依赖。如需输出 PNG 图像，则应确保系统具备 Node 运行时及 Canvas 绘图后端库；若只需文本 JSON，则可省略相关依赖。

2. 安装与启动

启动命令如下：

```
Plain Text
git clone https://git***.com/isaacwasserman/mcp-vegalite-server.git
cd mcp-vegalite-server
uv pip install -e .                        # 以开发模式安装
uv run mcp_server_vegalite --output_type png  # PNG 或文本文件
```

默认采用标准输入/输出方式，添加命令--transport sse --port 7080 即可改用 SSE 方式，为浏览器或远程客户端提供服务。

3. 在 Claude Desktop 中注册

代码如下：

```
{
  "mcpServers":{
    "vegalite":{
      "command":"uv",
      "args":[
        "--directory","/abs/path/mcp-vegalite-server",
        "run","mcp_server_vegalite",
        "--output_type","png"
      ]
    }
  }
}
```

保存配置并重启 Claude Desktop 后，在 Claude Desktop 的工具面板中将出现 save_data 与 visualize_data 两个工具。

9.1.2 示例：月度销量数据的保存与可视化

下面演示如何把一个简单的销量表保存到 mcp-vegalite-server 中，并绘制柱状图。

使用 Python 实现：

```python
from mcp_client import MCPClient   # 官方 Python SDK

client=MCPClient(transport="stdio")
client.connect()

# 1.保存数据
data=[
  {"month":"一月","sales":120},
  {"month":"二月","sales":98},
  {"month":"三月","sales":150}
]
client.execute_tool("save_data",{
  "name":"monthly_sales",
  "data":data
})

# 2.准备 Vega-Lite 规范
spec={
  "$schema":"https://vega.git***.io/schema/vega-lite/v5.json",
  "description":"月度销量柱状图",
  "data":{"name":"placeholder"},           # 在该服务器中会注入实际数据
  "mark":"bar",
  "encoding":{
    "x":{"field":"month","type":"ordinal","title":"月份"},
    "y":{"field":"sales","type":"quantitative","title":"销量"}
  }
}

# 3.渲染图像
result=client.execute_tool("visualize_data",{
  "data_name":"monthly_sales",
  "vegalite_specification":json.dumps(spec)
})
# 比如 output_type=png,result["artifact"]为 Base64 字符串,
```

```
# 可将其保存为图片
with open("chart.png","wb") as f:
    f.write(base64.b64decode(result["artifact"]))

client.disconnect()
```

save_data 先把数据缓存在服务端内存中，键名由 name 决定，可被反复覆盖和更新。

visualize_data 在收到 Vega-Lite JSON 文件后，会自动把 data 字段替换为对应的缓存数据，再调用 vl-convert-python 文件生成最终规格。若使用命令--output_type png，则会用 Node-canvas 渲染成位图。

服务端严格限制总数据量（默认为 1 MB）与单次渲染时长，若超过限制，则会返回 status:error，避免阻塞大模型。

如需排查问题，则可参阅 mcp-vegalite-server 官方 GitHub 仓库中的 Troubleshooting 仓库，其中列举了常见的报错类型与解决方案，也可在主仓库 Issues 区中搜索问题或提问。

如需批量生成多图，则可在循环调用 save_data 后并行调用 visualize_data。对于长列表，建议先在客户端做分组聚合，减少 MCP 的传输成本。

通过 mcp-vegalite-server，大模型不再只是"描述数据"，而是能真正"看见数据"。通过 3 行工具调用即可将任意表格变成直观、可解释的图表，为报告生成、数据分析与商务智能提供轻量、可控、零前端依赖的可视化能力。

9.2 keboola-mcp-server

在 Keboola 官方推出的 keboola-mcp-server 中，开发者只需提供 Storage API Token 与一个只读的 Workspace，就能把 Keboola Connection 的数据资产（如桶、表、组件配置等）封装为十几个 MCP 工具，供 Claude Desktop、Cursor 或 CrewAI 等客户端安全调用，实现"查询→预览→导出"一条龙的数仓探索体验。

9.2.1 基础设置

1. 环境准备

需要准备 Python 3.10 及以上版本、pip 或 uv 包管理器。

在 Keboola Connection 的 Storage→Tokens 页面生成 KBC_STORAGE_TOKEN，至少勾选 read 权限。若项目使用 BigQuery 后端，则还需下载 Workspace 凭证，并设置 GOOGLE_APPLICATION_CREDENTIALS。

WorkspaceSchema 为 Snowflake 中 Schema 或 BigQueryDataset 的名称，用于限定查询范围。

2. 安装与启动

代码如下：

```
# 1.克隆并创建虚拟环境
git clone https://git***.com/keboola/keboola-mcp-server.git
cd keboola-mcp-server
python3 -m venv .venv && source .venv/bin/activate
pip install -e .                      # 通过开发模式安装

# 2.通过标准输入/输出方式启动
export KBC_STORAGE_TOKEN=<读者的 Token>
export KBC_WORKSPACE_SCHEMA=<读者的 Schema>
python -m keboola_mcp_server --transport stdio
```

如需支持 Cursor 通过 SSE 方式访问，则可改为：

```
python -m keboola_mcp_server --transport sse --api-url
https://connection.north-europe.azure.keboo**.com --port 8000
```

参数 --api-url 允许连接区域性 Endpoint，默认指向 https://connection.keboo**.com。

3. 客户端配置

- Claude Desktop：在 claude_desktop_config.json 中增加 Keboola 服务器的一条记录，并将 command 指向虚拟环境中的 Python 可执行文件，示例配置见 README 文档。

- Cursor：可选 SSE 或标准输入/输出方式，在官方给出的 README 文档中有完整的~/.cursor/mcp.json 片段。
- Smithery 一键安装：使用命令 npx -y @smithery/cli install keboola-mcp-server --client claude 自动写入配置。

9.2.2 示例：数据操作与 CSV 文件导出

下面的脚本演示了如何使用 3 个工具列桶和预览表处理表数据，并导出 CSV 文件。

使用 Python 实现：

```
# -*- coding: utf-8 -*-
"""
演示:使用 keboola-mcp-server 查询并导出表数据
"""
from mcp_client import import MCPClient   # 官方 Python SDK

client=MCPClient(transport="stdio")   # 连接本地服务
client.connect()

# 1.列出所有桶
buckets=client.execute_tool("list_buckets",{})
print("桶列表:",[b["id"] for b in buckets["buckets"]])

# 2.列出某桶中的表（以第一个桶为例）
bucket_id=buckets["buckets"][0]["id"]
tables=client.execute_tool("list_tables",{"bucket_id":bucket_id})
table_id=tables["tables"][0]["id"]
print("表 ID:",table_id)

# 3.预览表的前 5 行
preview=client.execute_tool("preview_table",{
    "table_id":table_id,
    "limit":5
})
for row in preview["rows"]:
    print(row)
```

```
# 4.将整个表导出为 CSV 文件到本地
job=client.execute_tool("export_table",{
    "table_id":table_id,
    "format":"csv"
})
print("导出任务信息:",job)

client.disconnect()
```

将 list_buckets、list_tables 分别映射到 KeboolaStorageAPI 端点的/buckets 与/buckets/{id}/tables 中。

preview_table 在后台调用 Workspace 只读连接（Snowflake 或 BigQuery），限制行数，以免大量结果占用对话上下文。

export_table 启动异步任务并返回任务 ID、下载 URL。该服务器会轮询任务状态，并在完成后把 CSV 文件内容嵌入 MCP 响应的 artifact 字段，即可直接存储文件或由 Claude Desktop 将其渲染为表格。

所有工具均内置 Schema 过滤器，保证大模型无法越权查询其他项目。如需进一步收敛权限，则可在 Bucket 级别中设置只读状态。

通过 keboola-mcp-server，大模型能够在严格受控的沙箱中执行数据探索、样本预览与批量导出等工作，把烦琐的 StorageAPI 调用隐藏在短短几条自然语言指令中，让数据分析师与大模型实现真正的"对话式 ETL"。

9.3 mcp-server-axiom

mcp-server-axiom 是由 Axiom 官方发布的 MCP 服务器，它实现了两个关键工具——listDatasets 与 queryApl，使大模型能够在受控的环境中列举数据集，并使用 APL 执行查询，查询结果最多返回 65000 行，结果为只读状态，适用于日志检索、指标聚合与异常追踪等场景。服务器用 Go 语言构建单个文件，可通过标准输入/输出或 SSE 方式暴露 MCP 消息流，在 Claude Desktop、Cursor 或 MCP 客户端中即插即用。

9.3.1 基础设置

1. 获取访问 Token

在 Axiom→Settings→APITokens 中生成以"xaat-"开头的 Token，仅赋予读权限即可满足 listDatasets 和 queryApl 的调用需求。

2. 下载或安装可执行文件

直接从 GitHub Releases 页面下载对应平台的二进制文件 axiom-mcp。

也可以运行 go install github.com/axiomhq/mcp-server-axiom@latest 命令，在本地编译，得到同名的可执行文件。

3. 启动服务器

标准输入/输出方式：

```
export AXIOM_TOKEN=xaat-********
axiom-mcp -token $AXIOM_TOKEN -url https://ap*.axiom.co
```

服务器在启动后将通过标准输入/输出方式与客户端握手。

SSE 方式（监听 8091）：

```
axiom-mcp -token $AXIOM_TOKEN -transport sse -port 8091
```

将 SSE 地址设置为 http://localh**t:8091/sse 即可连接客户端。

4. 可选参数

-query-rate 与-burst 用于节流，默认每秒查询 1 次，防止大模型发送过多的请求。

-config/path/config.txt 集中管理 Token 和 URL，并限制速率，命令行参数的优先级最高。

5. 在 Claude Desktop 中注册

在 claude_desktop_config.json 文件中添加以下代码：

```
"mcpServers":{
  "axiom":{
```

```
      "command":"/usr/local/bin/axiom-mcp",
      "env":{"AXIOM_TOKEN":"${axiomToken}
"}
    }
}
```

保存并重启 Claude Desktop 后，即可在工具面板中看到 Axiom 条目。

9.3.2 示例：数据集查询与 APL 分析

下面展示如何列出数据集、进行 APL 查询，并打印查询结果。

使用 Python 实现：

```
from mcp_client import MCPClient  # 官方 Python SDK

client = MCPClient(transport="stdio")  # 采用标准输入/输出方式
client.connect()

# 1.列出数据集
datasets = client.execute_tool("listDatasets", {})
names = [d["name"] for d in datasets["datasets"]]
print("可用数据集:", names)

# 2.对第一个数据集进行 APL 查询
target = names[0]
apl = f"{target} | where status == 500 | summarize count()"
result = client.execute_tool("queryApl", {
    "dataset": target,
    "apl": apl,
    "startTime": "2025-04-01T00:00:00Z",
    "endTime": "2025-04-22T23:59:59Z"
})
print("查询结果:", result["rows"][0])

client.disconnect()
```

将 listDatasets 映射到 AxiomREST 端点和 datasets，返回当前组织下的全部数据集名称、创建时间与行数等元数据。

queryApl 将 APL 语句及其时间范围提交到 /datasets/{dataset}/apl 接口，该服务器在转发时自动追加 Authorization:Bearer 请求头并强制启用只读模式，单次返回的行数上限为 65000。

APL 语法与 Kusto Query Language 相似，使用管道操作符拼接过滤、聚合与投影步骤，便于大模型拼装查询。

当查询超时或超出节流阈值时，该服务器会返回 status:error 与原因，大模型可以在分析原因后重试或采用降采样。

如需批量下载大结果集，则可在 APL 中使用 export dataset 功能生成外链，再让大模型调用 HTTP 工具获取文件，从而减轻上下文的压力。

通过 mcp-server-axiom，AI 助手可以直接在对话中完成日志检索与指标分析，无须手动切换浏览器或编写脚本。

9.4 opik-mcp

opik-mcp 是面向 Opik 平台的开源的 MCP 实现，通过标准化的协议和多种传输机制（标准输入/输出与 SSE），为 IDE 集成提供统一的接口，并支持对 prompts、projects、traces 和 metrics 的集中管理与查询。

9.4.1 基础设置

1. 环境依赖

需要 Node.js 环境和 npm 工具，推荐使用 Active LTS 版本（偶数主版本为 LTS）。

在 package.json 中定义项目依赖，如 dotenv、yargs 和 zod 等。

2. 克隆仓库

代码如下：

```
git clone https://git***.com/comet-ml/opik-mcp.git
cd opik-mcp
```

3. 安装依赖

代码如下：

```
npm install
```

4. 构建代码

代码如下：

```
npm run build
```

5. 配置环境变量

代码如下：

```
cp .env.example .env
# 编辑 .env 文件，在其中填入 OPIK_API_BASE_URL、
# OPIK_API_KEY、OPIK_WORKSPACE_NAME 等
```

6. 启动服务

采用标准输入/输出方式（默认）：

```
npm run start:stdio
```

9.4.2 示例：Opik 项目与指标查询

使用 JavaScript 实现：

```
# !/usr/bin/env node
/**
 * 使用 Opik MCP SDK 查询项目列表与指标数据
 */
import {Client} from "@modelcontextprotocol/sdk/client/index.js";
import {StdioClientTransport} from
"@modelcontextprotocol/sdk/client/stdio.js";

async function main(){
  // 1.创建传输层，通过标准输入/输出方式启动 opik-mcp 服务器
  const transport=new StdioClientTransport({
    command:"node",
    args:["build/index.js","--debug","true"]
  });
```

```
  // 2.初始化客户端
  const client=new Client({name:"opik-test",version:"1.0.0"});
  // 3.连接MCP服务器
  await client.connect(transport);

  // 4.查询项目列表（分页参数为page=1, size=5）
  const projects=await client.invoke("list-projects",{page:1,size:5});
  console.log("项目列表: ",projects);

  // 5.查询默认项目的指标数据
  const firstProject=projects.content[0]?.text||"";
  const metrics=await
client.invoke("get-metrics",{projectId:firstProject});
  console.log("指标数据: ",metrics);

  // 6.断开连接
  await client.close();
}
main().catch(err=>{
  console.error("执行出错: ",err);
  process.exit(1);
});
```

在该示例中，首先通过 StdioClientTransport 启动 opik-mcp 服务器并与之建立连接，然后使用 client.invoke 方法调用 list-projects 工具获取项目列表，并根据第一个项目的 ID 调用 get-metrics 工具查询指标数据，最后通过 client.close 断开连接并释放资源。整个流程展示了如何在本地脚本中使用 MCP，实现对 Opik 平台资源的自动化管理。

9.5　mindmap-mcp-server

mindmap-mcp-server 是一种基于 MCP 的开源的服务器，它将 Markdown 的内容转换为交互式思维导图，支持 HTML 和文件路径两种返回方式，能与支持 MCP 的客户端（如 Claude Desktop、Goose CLI）无缝集成，极大简化了 AI 驱动的知识可视化流程。

9.5.1 基础设置

1. 环境依赖

需安装 Python 3.10 及以上版本用于运行该服务器，也需要预先安装 Node.js 以支持 markmap-cli 工具的执行。

2. 安装方式

安装 pip：

```
pip install mindmap-mcp-server
```

安装 uvx：

```
uvx mindmap-mcp-server
```

用 Docker 部署该服务器：

```
docker pull ychen94/mindmap-converter-mcp:latest
```

3. 配置与运行

通过--return-type 指定返回命令行参数的类型，可选择 html 或 filePath，默认为 html。

使用 uvx 实现：

```
{
  "mcpServers": {
    "mindmap": {
      "command":"uvx",
      "args":["mindmap-mcp-server","--return-type","filePath"]
    }
  }
}GitHub
```

使用 Python 实现：

```
{
  "mcpServers": {
    "mindmap": {
      "command":"python",
```

```
"args":["/path/to/mindmap_mcp_server/server.py","--return-type","html"]
    }
  }
}GitHub
```

使用 Docker 实现：

```
{
  "mcpServers": {
    "mindmap": {
      "command":"docker",
      "args":["run","--rm","-i","-v","/本地/输出目录:/output","ychen94/mindmap-converter-mcp:latest"]
    }
  }
}
```

9.5.2　示例：将 Markdown 格式的内容转换为思维导图

使用 Python 实现：

```
# !/usr/bin/env python3
# 使用 mindmap-mcp-server 将 Markdown 格式的内容转换为思维导图
import json
import subprocess
import sys

def convert_markdown(markdown_text, return_type="filePath"):
    """
    调用 mindmap-mcp-server 的 convert_markdown_to_mindmap 工具
    markdown_text: 要转换的 Markdown 内容
    return_type: 返回类型，可选 html 或 filePath
    """
    # 构造 MCP 请求
    request = {
        "type":"tool",
        "name":"convert_markdown_to_mindmap",
        "args":{"markdown_content":markdown_text}
    }
    # 执行命令并传入 JSON 请求
    proc = subprocess.run(
        ["mindmap-mcp-server","--return-type",return_type],
```

```python
        input=json.dumps(request),
        text=True,
        capture_output=True
    )
    if proc.returncode != 0:
        print("MCP 调用失败：", proc.stderr, file=sys.stderr)
        sys.exit(1)
    # 解析最后一行输出作为响应
    response = proc.stdout.strip().splitlines()[-1]
    return response

if __name__ == "__main__":
    # Markdown 内容示例
    md_content = """# 项目规划
## 研究
### 市场分析
### 竞争对手分析
## 设计
### 原型设计
### 界面设计
## 开发
### 前端
### 后端
"""
    # 生成思维导图并获取保存路径
    result = convert_markdown(md_content, return_type="filePath")
    print("生成的思维导图文件：", result)
```

该脚本通过 Python 的 subprocess 模块调用已安装的 mindmap-mcp-server 命令，向 MCP 服务发送 convert_markdown_to_mindmap 工具调用请求，并根据 --return-type 参数获取生成结果：当该参数为 filePath 时返回文件保存路径，用户可直接在浏览器中打开以查看交互式思维导图。

第 10 章

云平台服务集成

10.1 sample-mcp-server-tos
10.2 aws-kb-retrieval-server
10.3 mcp-server-cloudflare
10.4 k8m
10.5 kubernetes-mcp-server

本章介绍 5 种云存储与云运维领域的 MCP 服务器。

（1）sample-mcp-server-tos：针对火山引擎对象存储，提供 list_buckets、list_objects、get_object 三大只读工具，利用环境变量收敛权限，并自动处理 Base64 编码或大文件分片，只用几行代码，即可让大模型浏览并下载存储对象。

（2）aws-kb-retrieval-server：封装了 Amazon Bedrock Knowledge Bases 的检索能力，支持列出知识库、列出数据源及自然语言检索三大接口，内部通过 Bedrock Agent Runtime 调用 Retrieve API，将跨库语义检索与轻量重排结果直接返回给大模型，实现针对企业文档的"有问即答"。

（3）mcp-server-cloudflare：把 Cloudflare API、Workers AI 与自定义 Workers 方法封装为一组 MCP 工具（如 worker_list、worker_get_worker、worker_logs_by_worker_name），可通过 OAuth 或 API Token 完成授权，在 1 分钟内接入 Claude Desktop 或其他客户端，让大模型能够以自然语言管理 DNS、KV、Vectorize、D1 或触发任意 Workers 逻辑，真正实现"对话式云边运维"。

（4）k8m：内置了 49 种 Kubernetes 工具，结合轻量 Dashboard，可实现 namespace_create、pod_list 等可视化运维，并通过 HTTP 协议或 SSE 方式向多集群暴露服务。

（5）kubernetes-mcp-server：以单个二进制文件直连 client-go，不需要 kubectl 即可调用 pods_list、pods_log、resources_create_or_update 等高频操作。

通过学习本章内容，读者将掌握从对象存储、知识库检索到边缘计算与 Kubernetes 集群管理的全栈云资源接入方法，让大模型在最小权限、可审计的前提下实现文件下载、日志诊断与集群运维，真正达到"利用自然语言实现云运维"的效果。

10.1 sample-mcp-server-tos

火山引擎对象存储（Torch Object Storage，TOS）提供了与 S3 兼容的对象存储 API，但要让大模型安全、高效地浏览桶、列对象，并下载文件，仍需在中间层做权限收敛与数据格式转换。sample-mcp-server-tos 就是一套最小可用的 Python MCP 服务器：它暴露了 list_buckets、list_objects、get_object 这 3 个只读工具，将 TOS SDK 的调用封装为标准 MCP 消息流，既能在标准输入/输出方式中嵌入 Claude Desktop，也能通过 SSE 方式实现远程接入。

10.1.1 基础设置

1. 环境变量准备

服务器依赖 4 个核心变量：VOLC_ACCESSKEY、VOLC_SECRETKEY、REGION、TOS_ENDPOINT。可选择 SECURITY_TOKEN 作为临时凭证，TOS_BUCKETS 用于将可见范围限制到指定的桶。

这些变量对应 TOS 控制台上的"访问密钥"和"地域/Endpoint"信息，火山引擎官方文档中详细列出了各地域的域名及访问限制。

2. 安装与启动

代码如下：

```
git clone https://git***.com/dinghuazhou/sample-mcp-server-tos.git
cd sample-mcp-server-tos
uv pip install -e .              # 以开发模式安装依赖

# 标准输入/输出方式（默认）
export VOLC_ACCESSKEY=AK...
export VOLC_SECRETKEY=SK...
export REGION=cn-beijing
export TOS_ENDPOINT=tobsu.com
uv run src/mcp_server_tos/main.py
```

如需通过 SSE 方式供远程客户端使用，可追加命令 --transport sse --port 7088。

3. 客户端配置示例（Claude Desktop）

在 claude_desktop_config.json 中添加以下代码：

```
{
  "mcpServers":{
    "tos":{
      "command":"uv",
```

```
    "args":[
      "--directory","/ABS/PATH/src/mcp_server_tos",
      "run","main.py"
    ],
    "env":{
      "VOLC_ACCESSKEY":"${ak}",
      "VOLC_SECRETKEY":"${sk}",
      "REGION":"cn-beijing",
      "TOS_ENDPOINT":"tos-cn-beijing.volces.com"
    }
  }
 }
}
```

保存并重启 Claude Desktop 后，即可在 Claude Desktop 的工具列表中看到 3 个 TOS 工具条目。

10.1.2 示例：列桶、列对象与下载对象

下面展示典型的"列桶→列对象→下载对象"对话链。

使用 Python 实现：

```
from mcp_client import MCPClient
client = MCPClient(transport="stdio")
client.connect()

# 1.列出当前账号下的所有桶
buckets = client.execute_tool("list_buckets", {})
print("可用桶:", [b["name"] for b in buckets["buckets"]])

# 2.取第一个桶的列对象（一次最多取1000条）
bucket = buckets["buckets"][0]["name"]
objects = client.execute_tool("list_objects", {"bucket": bucket,
"max_keys": 100})
keys = [o["key"] for o in objects["objects"]]
print("首批对象:", keys[:5])

# 3.下载其中一个对象到本地
key = keys[0]
file_obj = client.execute_tool("get_object", {"bucket": bucket, "key":
key})
```

```
with open("downloaded.bin", "wb") as f:
   f.write(file_obj["data"])

client.disconnect()
```

list_buckets 调用的正是 TOS 列桶 API，对应 SDK 方法的 list_buckets，返回当前 AK 和 SK 下所有可见的桶。

list_objects 底层使用 TOS ListObjects V2 接口，每次最多支持 1000 个对象，可搭配 Continuation Token 实现翻页功能。火山引擎官方接口文档中明确了具体的参数与限制。

get_object 封装了 GetObject V2 接口，sample-mcp-server-tos 自动识别普通桶与分层桶，并选择虚拟主机或路径式访问。火山引擎官方接口文档提供了多语言下载示例。

若配置了 TOS_BUCKETS 环境变量，那么 sample-mcp-server-tos 会在启动时过滤工具参数，拒绝访问未授权的桶，从而进一步收敛权限。

在返回值中，会通过 artifact 字段为大文件附带 Base64 编码数据，Claude Desktop 等客户端可直接保存数据；在小文件中可嵌入 data 字节串。

TOS 默认支持分片上传、版本控制和跨域访问等特性，若后续需要写入或删除对象，则可在 sample-mcp-server-tos 的基础上扩展更多工具。通过 sample-mcp-server-tos，大模型在保持最小权限的同时，可获得浏览与下载 TOS 对象的能力，为数据标注、模型微调或日志分析等场景提供"开箱即用"的云存储入口。

10.2 aws-kb-retrieval-server

在 AWS 官方参考实现中，aws-kb-retrieval-server 把 Amazon Bedrock Knowledge Bases 的检索增强生成（RAG）能力封装为 MCP 服务器，提供"列出知识库""列出数据源""自然语言检索"三大工具。aws-kb-retrieval-server 对外只读，内部通过 Bedrock Agent Runtime 调用 Retrieve API，可跨多个知识库进行语义检索，

并按数据源过滤与重排，直接返回 JSON 代码作为结果，方便大模型拼装答案。本节先给出 aws-kb-retrieval-server 的快速安装要点，再展示典型的 Python 调用链，让读者快速实现将企业私有文档接入智能体对话。

10.2.1 基础设置

1. 环境与权限

- AWS 凭证：需要在环境变量或~/.aws/credentials 中配置 AWS_ACCESS_KEY_ID、AWS_SECRET_ACCESS_KEY，并指定 WS_REGION。
- 开通 Bedrock：确保账号已启用 Amazon Bedrock 与 Knowledge Bases，并在目标知识库中打上 mcp-multirag-kb=true 标签，才能自动发现并检索服务器。
- IAM 权限：调用方需要 bedrock:ListKnowledgeBases、bedrock:Retrieve 等最小只读权限。若查询受限数据源，那么还需要 s3:GetObject 或向量存储的读取策略。

2. 两种主流的安装方式

启动 Docker：

```
docker run -i --rm \
 -e AWS_ACCESS_KEY_ID=$AWS_ACCESS_KEY_ID \
 -e AWS_SECRET_ACCESS_KEY=$AWS_SECRET_ACCESS_KEY \
 -e AWS_REGION=us-east-1 \
 mcp/aws-kb-retrieval-server
```

容器启动后，会在标准输入/输出流中输出 server_metadata 握手包，Claude Desktop 等客户端即可自动连接。

本地 uv 工具环境（适合开发调试）：

```
git clone https://git***.com/modelcontextprotocol/servers.git
cd servers/src/aws-kb-retrieval-server
uv pip install -e .
AWS_REGION=us-east-1 python -m aws_kb_retrieval_mcp --transport stdio
```

使用命令--transport sse --port 8090，可改为以 SSE 方式监听，供远程 IDE 连接。

3. 客户端注册示例（Claude Desktop）

代码如下：

```
"mcpServers":{
  "aws-kb":{
    "command":"docker",
    "args":["run","-i","--rm","mcp/aws-kb-retrieval-server"],
    "env":{
      "AWS_ACCESS_KEY_ID":"${ak}",
      "AWS_SECRET_ACCESS_KEY":"${sk}",
      "AWS_REGION":"us-east-1"
"
    }
  }
}
```

重启 Claude Desktop 后，即可在工具面板中看到 listKnowledgeBases、listDataSources、retrieve 这 3 个工具。

10.2.2　示例：Amazon Bedrock 知识库的检索

下面演示如何用 Python 调用 aws-kb-retrieval-server，列出知识库、查询内容，并输出最相关的段落。

使用 Python 实现：

```
from mcp_client import MCPClient  # 官方 Python SDK

client = MCPClient(transport="stdio")   # 连接本地服务
client.connect()

# 1.列出所有知识库
kbs = client.execute_tool("listKnowledgeBases", {})
kb_id = kbs["knowledge_bases"][0]["id"]
print("知识库 ID:", kb_id)

# 2.查询指定知识库，检索 3 个段落
query = "如何为 Amazon Bedrock 创建自定义知识库？"
res = client.execute_tool("retrieve", {
    "knowledge_base_id": kb_id,
    "query": query,
```

```
    "top_k": 3
})
for i, doc in enumerate(res["chunks"], 1):
    print(f"第{i}段内容来源：{doc['data_source_id']}\n{doc['text']}\n")
client.disconnect()
```

listKnowledgeBases 调用 bedrock:ListKnowledgeBases，只返回打了标签的 KB，这样可以借助标签进一步收敛大模型的可见范围。

retrieve 在服务器侧构造 RetrieveCommand，支持传入 top_k、filter（按数据源或元数据）等参数，检索完成后进行轻量级重新排序（rerank），再返回给大模型。

单次响应默认包含 chunk、score、data_source_id 这 3 个字段。如需返回完整的 S3 URI，则可设置环境变量 INCLUDE_SOURCE_LINKS=true。

若知识库使用的是向量存储模式，那么 aws-kb-retrieval-server 会自动对查询嵌入与向量进行对比。如果数据源为 S3 文档检索模式，则执行 Text Matching 流程，这些细节对客户端是透明的。

所有请求都经由标准 MCP 节流器，默认每秒检索 2 次、突发 4 次，可通过 --query-rate 5 --burst 10 命令进行调整，以免大模型在循环推理时用完配额。

借助 aws-kb-retrieval-server，只要将企业文档预先导入 Amazon Bedrock Knowledge Bases，就能让大模型在对话中即时检索最相关的上下文——不需要微调以及复杂的向量基础设施，真正实现"点击接入、立即问答"的企业级 RAG 方案。

10.3 mcp-server-cloudflare

Cloudflare 的 mcp-server-cloudflare 把 Cloudflare API、Workers AI 甚至自定义 Workers 方法都封装为 MCP 工具，让 Claude Desktop 等客户端通过自然语言即可管理 DNS、KV、Vectorize、D1，以及触发任意 Workers 逻辑。Cloudflare 仓库内提供了一键安装脚本、OAuth 登录流程和远程 SSE 接入示例，因此只需几分钟，就能把 Cloudflare 账户暴露为大模型可调用的服务，且所有调用都继承 API Token 或 OAuth Scope 的最小权限，这种方式安全且可审计。

10.3.1 基础设置

1. 获取认证信息

采用 OAuth 远程接入，Claude Desktop 内置的 Cloudflare 远程 MCP 地址为 https://observability.mcp.cloudfla**.com/sse，在首次连接时会弹出浏览器，以便完成 OAuth 授权。

API Token 在本地运行，若要自己托管，则需前往 User→API Tokens 生成 Edit Cloudflare Workers 自定义 Token，并将其写入环境变量 CLOUDFLARE_API_TOKEN。

2. 安装与启动（本地）

代码如下：

```
pnpm dlx @cloudflare/mcp-server-cloudflare    # 拉取 CLI
export CLOUDFLARE_API_TOKEN=cf_*              # 设置 Token
mcp-server-cloudflare --transport stdio       # 标准输入/输出方式
# 或监听 SSE：
mcp-server-cloudflare --transport sse --port 8092
```

启动后，stdout 会输出 server_metadata 握手包，表示已就绪。

3. 在 Claude Desktop 中注册本地服务

代码如下：

```
"mcpServers":{
  "cloudflare-local":{
    "command":"npx",
    "args":["mcp-server-cloudflare","--transport","stdio"],
    "env":{"CLOUDFLARE_API_TOKEN":"${cfToken}"
"}
  }
}
```

重启 Claude Desktop 后，即可看到 Workers 相关工具，如 worker_list、worker_logs_by_ worker_name 等。

10.3.2 示例：列出 Workers 与查看错误日志

下面演示如何列出账户下的所有 Workers、查看某个 Worker 最近的错误日志，并下载脚本源码。

使用 JavaScript 实现：

```
import { MCPClient } from "@modelcontextprotocol/sdk/client/node.js";

(async()=>{
  // 连接本地采用了标准输入/输出方式的服务器
  const cf = new MCPClient({stdio:true});
  await cf.connect();

  // 1.列出 Workers
  const list = await cf.executeTool("worker_list",{account_email:"user@example.com"});
  const firstWorker = list.workers[0].name;
  console.log("账号首个 Worker:", firstWorker);

  // 2.获取脚本源码
  const code = await cf.executeTool("worker_get_worker",{script_name:firstWorker});
  console.log("脚本长度:", code.content.length);

  // 3.查询最近的错误日志
  const logs = await cf.executeTool("worker_logs_by_worker_name",{
    script_name:firstWorker,
    level:"error",
    lookback_minutes:30
  });
  console.log("错误条数:", logs.entries.length);

  await cf.disconnect();
})();
```

worker_list 底层调用 GET/accounts/:accountId/workers/scripts 列出脚本清单，mcp-server-cloudflare 自动把邮箱映射到 accountId，并裁剪无关字段。

worker_get_worker 返回 content 字段，即压缩后的整个脚本文件，可将其直接写入磁盘备份。

worker_logs_by_worker_name 经由 Workers Observability API，支持 level/zoneId/rayId 多条件过滤。默认返回 JSON 行，而非纯文本，以便大模型进一步汇总。

服务器对每秒请求做节流（默认为 1 query/s），防止大模型在循环推理时触发 Cloudflare 的速率限制。命令--burst 5 可用于临时提升峰值。

通过 mcp-server-cloudflare，只需配置几行代码，就能把 Cloudflare Workers、日志与脚本元数据接入大模型对话，实现"自然语言+云边运行时"的即时诊断与自动化运维。

10.4 k8m

k8m 是一款由大模型驱动的 Mini Kubernetes AI Dashboard 轻量级控制台工具，集成了多集群管理、智能分析、实时异常检测等功能，并通过内置的 49 种 MCP 工具实现了大模型对 Kubernetes 集群的可视化管理与操作权限细粒度控制，帮助运维人员和开发者高效管理与优化集群的运维流程。

10.4.1 基础设置

1. 操作系统与二进制包

支持 Linux、macOS 和 Windows 多种系统，直接从 GitHub Releases 中下载对应架构的单个二进制文件可执行包，不需要额外的运行时依赖即可完成部署。

2. Kubernetes 访问配置

在运行 k8m 前，需准备好有效的 kubeconfig 文件，并确保当前用户能够访问目标 Kubernetes 集群。k8m 会自动扫描 KUBECONFIG 环境变量或在默认~/.kube/config 路径下的所有配置文件，进行多集群注册。

3. Docker Compose 方式（可选）

若已安装 Docker 和 docker-compose，那么可直接在项目根目录中执行以下代码：

```
services:
  k8m:
    image: registry.cn-hangzhou.aliyuncs.com/minik8m/k8m
    ports:
      - "3618:3618"
      - "3619:3619"
    volumes:
      - ./data:/app/data
```

启动后自动运行控制台及内部 MCP 服务器。

4. 环境变量配置

k8m 支持通过环境变量定制行为，具体如下。

- PORT：前端控制台端口（默认 3618）。
- MCP_SERVER_PORT：内置 MCP 服务端口（默认 3619）。
- OPENAI_API_KEY：自定义大模型 API Key。
- KUBECONFIG：指定 kubeconfig 文件路径。

5. 启动控制台

```
./k8m
```

启动后访问 http://127.0.0.1:3618，默认的用户名和密码均为 k8m，首次登录时请及时修改凭据，并启用两步验证。

10.4.2 示例：命名空间管理与 Pod 监控

使用 JavaScript 实现：

```
# !/usr/bin/env node
/**
 * 使用 MCP SDK 通过 k8m 内置 MCP 服务
 * 创建命名空间并查询 Pod 列表
 */
import {Client} from "@modelcontextprotocol/sdk/client/index.js";
import {HTTPClientTransport} from
"@modelcontextprotocol/sdk/client/http.js";

async function main() {
```

```
// 1.初始化 HTTP 传输，连接 k8m 的 MCP 服务
const transport = new HTTPClientTransport({
  url: "http://localhost:3619/outer"
});
// 2.创建 MCP 客户端
const client = new Client({name:"k8m-client",version:"1.0.0"});
await client.connect(transport);

// 3.调用 namespace_create 工具创建命名空间
const nsRes = await
client.invoke("namespace_create",{name:"demo-ns"});
console.log("创建命名空间响应: ",nsRes);

// 4.调用 pod_list 工具查询该命名空间下的 Pod 列表
const podsRes = await
client.invoke("pod_list",{namespace:"demo-ns"});
console.log("Pod 列表: ",podsRes);

// 5.断开连接
await client.close();
}

main().catch(err=>{
  console.error("执行出错: ",err);
  process.exit(1);
});
```

在上述示例中，首先通过 HTTPClientTransport 连接 k8m 在 3619 端口上启动的 MCP 服务，并使用 namespace_create 工具创建名为 demo-ns 的命名空间，然后使用 pod_list 工具获取该命名空间下的所有 Pod 信息，最后调用 client.close() 优雅地断开 MCP 连接。底层的 k8m 客户端则依赖 Kubernetes 官方的 Go 客户端 client-go 进行 API 交互，保证其与 Kubernetes API 服务器的兼容性与稳定性。

10.5 kubernetes-mcp-server

kubernetes-mcp-server 是由 manusa 开发的原生二进制 MCP 服务器，实现对 Kubernetes 及 OpenShift 资源的 CRUD、Pod 日志、事件、Namespace、Project 等高频运维操作，并支持标准输入/输出与 SSE 两种方式。相比于仅包装 kubectl 的方案，

kubernetes-mcp-server 直接调用 client-go，因此不需要系统额外依赖，甚至连 Node.js 和 Python 都可省略。

10.5.1 基础设置

1. 下载与运行

启动 npx：

```
npx -y kubernetes-mcp-server@latest
```

这是最快捷的方式，适用于 Claude Desktop、VSCode、Goose CLI。在 claude_desktop_config.json 或 goose config.yaml 中将 command 设为 npx，并传入同样的参数即可。

首先，启动 uvx。若偏好 Python 生态，可用命令 uvx kubernetes-mcp-server@latest。

然后，下载本地二进制文件。从 Releases 下载适合系统的单个二进制文件可执行包，直接使用命令 ./kubernetes-mcp-server 运行，不需要 Node.js 或 Python。

2. 集群访问凭据

服务器会自动解析 --kubeconfig 参数、环境变量或默认路径 ~/.kube/config，并在集群变更时热更新连接。

3. 常用的 CLI 参数

- --sse-port：通过 SSE 方式暴露端口，默认关闭。
- --log-level：日志级别，与 kubectl -v 类似，可选值为 0~9，默认值为 2。
- --kubeconfig：指定 kubeconfig 文件路径，默认自动探测。

4. 调试利器：MCP Inspector

在开发阶段可用 npx @modelcontextprotocol/inspector node build/index.js，将调试工具的调用过程图形化。

5. 工具总览

服务器暴露的主要工具包括 pods_list、pods_log、pods_exec、resources_create_or_update、events_list、namespaces_list 等，覆盖大部分日常运维场景。

10.5.2 示例：Pod 日志检索的自动化

使用 JavaScript 实现：

```
# !/usr/bin/env node
/**
 * 用 MCP 自动获取 Kubernetes Pod 日志
 */
import {Client} from "@modelcontextprotocol/sdk/client/index.js";
// MCP 官方 SDK
import {StdioClientTransport} from "@modelcontextprotocol/sdk/client/stdio.js";
import {spawn} from "child_process";

async function main(){
  // 启动 kubernetes-mcp-server 子进程
  const server=spawn("npx",["-y","kubernetes-mcp-server@latest"],{stdio:["pipe","pipe","inherit"]});

  // 将采用了标准输入/输出方式的传输层绑定到子进程上
  const transport=new StdioClientTransport({process:server});
  const client=new Client({name:"k8s-demo",version:"1.0.0"});

  await client.connect(transport);

  // 1.列出所有 Pod 并打印名称
  const pods=await client.invoke("pods_list");
  console.log("当前集群 Pod 数量：",pods.content.length);

  // 2.获取第一个 Pod 并拉取最新的 100 行日志
  const {name,namespace}=pods.content[0];
  const logs=await client.invoke("pods_log",{name,namespace,tailLines:100});
  console.log(`Pod ${name} 日志片段：\n`,logs.content);

  await client.close();    // 断开 MCP 连接
```

```
  server.kill();            // 关闭子进程
}

main().catch(e=>{console.error(e);process.exit(1);});
```

在该示例中，首先用 spawn 启动 kubernetes-mcp-server，然后通过 StdioClientTransport 与之通信，调用 pods_list 工具列出集群的全部 Pod。

选取列表中的第一个 Pod，将它的 name 与 namespace 传给 pods_log，并指定 tailLines:100 仅拉取最新的 100 行日志。

日志文本返回后，直接在终端输出。整个流程不需要 kubectl 或额外依赖，且可以被 Claude Desktop、Goose CLI 等 AI 代理复用，实现对 Pod 日志的无人值守检索，适用于故障排查与监控告警场景。

第 11 章
通信与协作

11.1　gotohuman-mcp-server

11.2　inbox-zero MCP 服务器

11.3　AgentMail Toolkit

11.4　mcp-teams-server

11.5　bluesky-context-server

本章介绍"让大模型实时沟通并引入 Human-in-the-Loop"的 5 种 MCP 服务器。

（1）gotohuman-mcp-server：通过 request_human_review 工具为高风险操作和创意任务提供了可由人类审阅的闭环操作流程，确保安全且质量可靠。

（2）nbox-zero MCP：将邮件治理流程模块化，大模型可在对话中列出待办邮件、读取邮件详情并归档，实现对"零收件箱"的管理。

（3）AgentMail Toolkit：通过一系列 MCP 工具支持创建收件箱、发送与回复邮件、下载附件，让大模型在推理链中灵活收发邮件，实现自动化沟通。本章涉及环境配置和典型代码示例，全面讲解了如何快速接入这些服务，从而把"找人把关"与"对话驱动式通信"的能力自然融入任意智能体的工作流中。

（4）mcp-teams-server：借助 Microsoft Graph，将 Teams 频道与私聊操作标准化为 start_thread、read_thread 等 40 多个工具，涵盖发帖、检索与日志监控，使大模型能够以对话式在企业协作空间实现运维。

（5）bluesky-context-server：基于 AT 协议暴露 bluesky_search_posts、bluesky_get_profile 等接口，轻量接入社交网络，助力舆情分析与内容创作。

通过学习本章内容，读者将掌握在邮件、协作平台与社交媒体中嵌入人类审阅、消息收发和实时检索功能，为大模型构建安全可审核的沟通与协同能力。

11.1 gotohuman-mcp-server

gotohuman-mcp-server 把 gotoHuman "人类审阅"平台做成了 MCP 服务器。当大模型执行高风险操作（如发布推文、删库等）或需要人类的创意时，可调用 request_human_review 工具把说明、候选草稿等信息推送到 gotoHuman 收件箱中。人类在 Web 端或手机 App 中单击"Approve / Reject / Edit"后，服务器经 Webhook 将结果回传，大模型再继续执行流程。这套异步闭环为智能体附加了一键"找人帮忙"的能力，避免误操作，同时把人类意见纳入了推理链。

11.1.1 基础设置

1. 获取凭证

在 gotoHuman Dashboard→Settings→API Keys 中创建服务端密钥，记为 GH_API_KEY。

进入 Settings → Webhooks 中新建回调过程，可将 URL 填写为读者将运行 gotohuman-mcp-server 的公网地址 /webhook，保存后会得到 WEBHOOK_SECRET。

2. 安装并启动

代码如下：

```
git clone https://git***.com/gotohuman/gotohuman-mcp-server.git
cd gotohuman-mcp-server
pnpm install            # 或npm i
# 通过标准输入/输出方式简单集成Cursor或Claude Desktop
GH_API_KEY=gh_sk_*** \
WEBHOOK_SECRET=whs_*** \
pnpm start
```

若要让远程 IDE 连接，可改为：

```
pnpm start -- --transport sse --port 7077
```

gotohuman-mcp-server 启动后，会在 stdout 中输出 server_metadata 握手包，表明已就绪。

3. 在 Claude Desktop 中注册

代码如下：

```
"mcpServers":{
  "gotohuman":{
    "command":"pnpm",
    "args":["start"],
    "env":{
      "GH_API_KEY":"${ghApiKey}",
      "WEBHOOK_SECRET":"${ghWebhookSecret}"
"
  }
```

```
    }
}
```

保存并重启 Claude Desktop 后，即可看到 request_human_review 工具。

权限提示：默认由 Webhook 校验 X-GotoHuman-Signature。若在本地运行 gotohuman-mcp-server 且收不到公网回调，那么可用 ngrok 暴露 3000 端口或者将 skip-signature-check 设置为 true。

11.1.2 示例：推文审阅与反馈优化

下面演示"写推文→请人类润色→AI 根据反馈再发推"的过程。

使用 Python 实现：

```python
from mcp_client import MCPClient
cli = MCPClient(transport="stdio")
cli.connect()

# 1.请求人类审阅
draft = "GPT-4o 太棒了！"
ticket = cli.execute_tool("request_human_review",{
    "title":"推文草稿审阅",
    "content":draft,
    "metadata":{"action":"post_tweet"}
})
print("等待人工审批 Ticket:", ticket["id"])

# 2.轮询等待回执（服务器也支持 webhook 推进，这里演示简易轮询）
import time, itertools
for _ in itertools.repeat(None, 30):
    status = cli.execute_tool("check_review_status",{"ticket_id":ticket["id"]})
    if status["state"] != "pending":
        break
    time.sleep(10)

# 3.读取结果并执行后续逻辑
if status["state"] == "approved":
    new_text = status["review"]["content"]
```

```
    print("经人类润色的新文本:", new_text)
    # 这里可以继续调用 Twitter MCP 工具发推文
else:
    print("被拒绝或要求修改,原因:", status["review"]["comments"])

cli.disconnect()
```

request_human_review 发送标题、原始内容及可选元数据到 gotoHuman,返回 Ticket ID。

在人类操作后,gotoHuman 调用读者的 /webhook。在服务器保存反馈后,check_review_status 即可读取结果,也可由大模型直接在 Webhook 回调中继续执行。

state 字段可能为 pending、approved、rejected、edited 等。当 state 字段为 approved 或 content_changed 时,可应用新文本;当 state 字段为 rejected 时,应终止或重写。

服务器默认节流,每人每分钟最多可发送审阅请求 5 次,可通过 RATE_LIMIT_PER_MINUTE 环境变量调整次数,超额将立即返回 status:error, reason: rate-limit。

通过 gotohuman-mcp-server,任意智能体都能在关键节点"拉人把关"或"向人要灵感",真正把 Human-in-the-Loop 的理念融入自动化流程,既提升输出结果的质量,又减少了意外风险。

11.2 inbox-zero MCP 服务器

inbox-zero MCP 服务器让大模型通过标准 MCP 接口管理读者的电子邮箱:它封装了 Inbox Zero 后端 API 的只读/写工具,可列出待回复邮件与待跟进邮件、读取邮件详情,并在处理完成后归档,帮助用户真正实现"零收件箱"的目标。服务器采用 TypeScript 构建,支持标准输入/输出或 SSE 方式,可在 Cursor、Claude Desktop 及 MCP 客户端即插即用。

11.2.1 基础设置

1. 环境变量与依赖

在 Inbox Zero Web 端的 settings 页面中生成 API 密钥，保存为 API_KEY 环境变量。

安装 Node.js 18 及以上版本，并使用命令 npm i –g pnpm 安装 pnpm。

2. 本地安装与启动

代码如下：

```
git clone https://git***.com/elie222/inbox-zero.git
cd inbox-zero/apps/mcp-server
pnpm run build              # 编译 TypeScript
API_KEY=iz_sk_******** \
pnpm start                  # 默认为标准输入/输出
```

启动后，build/index.js 会通过 stdout 输出 server_metadata 握手包，表明已就绪。

如需 SSE 监听 7082 端口，则可添加命令：

```
pnpm start -- --transport sse --port 7082
```

3. 在 Claude Desktop 中注册

代码如下：

```
"mcpServers":{
  "inbox-zero":{
    "command":"pnpm",
    "args":["start"],
    "env":{"API_KEY":"${inboxZeroKey}
"}
  }
}
```

重启 Claude Desktop 后，在工具面板中会出现 listActionItems、readEmail、archiveEmail 等条目。

> **提示** 首次启动时，若出现"空 API_KEY"警告，说明 inbox-zero MCP 服务器未在运行环境中，未读取到 Inbox Zero 的私钥。请读者在启动前根据自己的操作系统选择下面的注入变量方式。请将代码中的"***"替换为读者自己的 API 值。

macOS 或 Linux 系统（Bash 或 zsh）：

```
export API_KEY=iz_sk_***
pnpm start           # 或其他启动命令
```

Windows PowerShell：

```
setx API_KEY "iz_sk_***
pnpm start
```

设置项目根目录.env 文件：

```
API_KEY=iz_sk_***
```

设置完成后，重新运行 pnpm start（或带有 --transport sse --port 7082 的命令），build/index.js 会立即在 stdout 中打印 server_metadata 握手包，表示 inbox-zero MCP 服务器已正常就绪。

11.2.2 示例：邮件管理的自动化

下面展示实现"回复邮件→读取内容→归档"的流程。

使用 Python 实现：

```python
from mcp_client import MCPClient

cli=MCPClient(transport="stdio")
cli.connect()

# 1.列出待处理邮件（在收件箱中需回复或跟进）
todo=cli.execute_tool("listActionItems",{"limit":5})
first=todo["emails"][0]["id"]
print("第一封待处理邮件 ID:",first)

# 2.读取邮件详情
detail=cli.execute_tool("readEmail",{"email_id":first})
print("主题:",detail["subject"])
print("正文预览:",detail["snippet"])
```

```
# 3.归档邮件，并标记已处理
cli.execute_tool("archiveEmail",{"email_id":first})
print("已归档")

cli.disconnect()
```

listActionItems 返回 emails 数组，包含 id、subject、sender、needs_reply 等字段。在 inbox-zero MCP 服务器内部调用 Inbox Zero 的/items 端点，并进行权限检查。

readEmail 对应/emails/{id}API，默认只回传前 2 kB 的正文。如需获取完整 HTML，可设置 full=true。

archiveEmail 调用后端 POST/emails/{id}/archive，并在成功后从 listActionItems 列表中移除该 ID。

inbox-zero MCP 服务器内置了速率限制，每分钟最多调用 60 次 API，如果超出限制，则返回 status:error，避免大模型回环。

通过使用 inbox-zero MCP 服务器，大模型可在对话中完成"筛选—阅读—归档"的整个流程，彻底告别邮件"轰炸"，让用户重新掌控收件箱。

11.3 AgentMail Toolkit

在 AgentMail Toolkit 的 MCP 子项目中，作者提供了一套可用 Python 快速启动的邮件管理服务器：大模型通过"创建收件箱→列出收件箱→发送/回复邮件→下载附件"等环节与 AgentMail API 进行交互，从而实现在推理链条中动态收发邮件，真正做到"邮件为 AI 服务"。

11.3.1 基础设置

1. 环境变量与依赖

安装 Python 3.10 及以上版本，可在官网填写表单获取 AgentMail API 的密钥。Claude Desktop 或其他支持 MCP 的客户端为可选项。

2. 安装步骤

安装 pip：

```
pip install agentmail-mcp                    # 从 PyPI 中获取
agentmail-mcp --api-key="YOUR_AGENTMAIL_API_KEY"
```

该命令会在本地通过标准输入/输出方式启动 AgentMail Toolkit。

下面对虚拟环境和 Claude Desktop 进行集成，首先激活虚拟环境 source .venv/bin/activate，然后执行 which agentmail-mcp，获取可执行文件路径，并写入 claude_desktop_config.json。

```
{
  "mcpServers":{
    "agentmail-mcp":{
      "command":"/path/to/agentmail-mcp",
      "args":["--api-key","{AGENT_MAIL_API_KEY}"]
    }
  }
}
```

保存并重启 Claude Desktop 后，即可加载 AgentMail Toolkit。

11.3.2 示例：邮件全生命周期的自动化

下面展示完整的邮件生命周期，包括"创建收件箱→发送邮件→读取并回复邮件→归档"。

使用 Python 实现：

```
from mcp_client import MCPClient

cli=MCPClient(transport="stdio")    # 连接本地服务
cli.connect()

# 1.创建新收件箱
inbox=cli.execute_tool("create_inbox",{"name":"demo"})
address=inbox["address"]
print("已创建收件箱:",address)

# 2.发送邮件
```

```
cli.execute_tool("send_message",{
    "from_address":address,
    "to_address":"test@example.com",
    "subject":"HelloAgentMail",
    "body":
"这是一封由大模型发送的测试邮件。"
})

# 3.列出收件箱,并读取最新邮件
threads=cli.execute_tool("list_threads",{"inbox_address":address})
thread_id=threads["threads"][0]["id"]
message=cli.execute_tool("list_messages",{"thread_id":thread_id})["messages"][0]
print("最新邮件主题:",message["subject"])

# 4.回复邮件
cli.execute_tool("reply_message",{
    "thread_id":thread_id,
    "body":
"自动回复:已收到,谢谢!"
})

# 5.归档线程
cli.execute_tool("archive_thread",{"thread_id":thread_id})
print("线程已归档")

cli.disconnect()
```

将 create_inbox 和 send_message 均直接映射至 AgentMail REST 端点,可瞬间批量申请临时邮箱,并发送邮件。

已按照大模型易解析的格式,对 list_threads→list_messages 返回的 JSON 进行优化,针对正文 snippet 字段自动截取摘要。

所有工具均遵循 AgentMail Toolkit 的速率限制策略,默认每分钟调用 60 次,防止大模型循环触发 API 限流。

代码示例可被无缝嵌入 CrewAI/LangGraph 流程,将邮件收发与任务决策相结合,实现真正的自动化沟通。

通过 AgentMail Toolkit,开发者只需配置几行代码,就能让大模型在对话中实时收发邮件，把传统"收件箱管理"升级为"对话驱动式邮件工作流"。

11.4 mcp-teams-server

mcp-teams-server 采用 Python 3.10、Bot Framework SDK 与 Microsoft Graph SDK 构建，并同时支持标准输入/输出与 SSE 两种传输方式。开发者只需在环境变量中配置 Teams Bot 凭据，便可一键启动。随后，大模型即可通过诸如 start_thread、read_thread、list_threads 等 40 多个工具，对 Teams 完成"发帖—回复—检索—监控"的全流程操作。底层请求全部经由 Microsoft Graph v1.0 消息 API，兼容团队频道，适用于一对一聊天场景，且已内置 HTTPS、速率限制与输入校验等安全机制，保障企业级使用需求。

11.4.1 基础设置

1. 环境变量与依赖

确保本机已安装 Python 3.10 及以上版本，以及超高速包管理器 uv。uv 工具将创建隔离虚拟环境，并以 10~100 倍于 pip 的速度安装依赖，从而大幅缩短部署时间。

2. 克隆仓库

代码如下：

```
git clone https://git***.com/InditexTech/mcp-teams-server.git
```

进入目录后，执行命令 uv venv && uv sync --all-extras 即可完成依赖同步。

3. 配置 Azuer

在 Azure 门户中为 Teams Bot 申请 APP_ID 与 APP_PASSWORD 等凭据，并连同 TENANT_ID 和 GRAPH_CLIENT_ID/SECRET 一起填入 .env 文件或环境变量中。

4. 启动

完成配置后，直接运行命令 uv run mcp-teams-server 即可采用标准输入/输出方式。

如需让前端通过 SSE 方式连接，那么可以追加参数-t sse。

Microsoft Graph 官方还提供了 Docker 镜像，代码如下：

```
docker run --env-file .env
ghcr.io/inditextech/mcp-teams-server:latest
```

使用 Docker 镜像便于 CI/CD 集成。

在开发阶段，可使用 npx @modelcontextprotocol/inspector node build/index.js 图形化调试工具，实时查看请求与响应，快速验证工具参数。

11.4.2 示例：自动创建线程并读取回复

下面的脚本展示了如何通过 mcp-teams-server 在某 Teams 频道中自动发布主题并随后读取回复。

使用 Python 实现：

```
"""
示例：利用 mcp-teams-server 在 Teams 频道中发布主题并读取回复
前提：已在后台执行"uv run mcp-teams-server"或以 Docker 方式启动服务器
"""
import json, subprocess, time, sys

def call_mcp(tool: str, args: dict):
    """调用指定的 MCP 工具，并返回解析后的 JSON 响应"""
    payload = json.dumps({"type":"tool","name":tool,"args":args}) + "\n"
    proc = subprocess.Popen(
        ["mcp-teams-server","-t","stdio"],
        stdin=subprocess.PIPE,
        stdout=subprocess.PIPE,
        text=True
    )
    proc.stdin.write(payload); proc.stdin.flush()
    lines = proc.stdout.read().strip().splitlines()
    proc.stdin.close(); proc.stdout.close(); proc.terminate()
    return json.loads(lines[-1])
```

```
if __name__ == "__main__":
    # 1.在目标频道发布主题并@指定成员
    thread = call_mcp("start_thread",{
        "team_id":"<团队 ID>",
        "channel_id":"<频道 ID>",
        "title":"自动化发布示例",
        "content":"大家好,这是机器人发送的帖子",
        "mention_member_name":"王小明"
    })
    print("创建成功,线程 ID:", thread["thread_id"])

    # 2.等待真实用户互动
    time.sleep(10)

    # 3.读取该主题的最新的 5 条回复
    replies = call_mcp("read_thread",{
        "thread_id": thread["thread_id"],
        "top": 5
    })
    print("最新回复内容:", [r["content"] for r in replies["items"]])
```

在该示例中,通过 Python 的 subprocess 模块以标准输入/输出方式向 mcp-teams-server 发送 JSON 消息。

首先调用 start_thread 工具在指定团队频道中创建主题并@指定成员,这在本质上对应 Microsoft Graph API 的 chatMessage-post 端点。随后等待 10 秒,模拟人工回复,再调用 read_thread 工具读取同一主题下的最新回复。该操作内部依赖 Microsoft Graph 的 channel-list-messages 与 chatMessage-list-replies 接口,实现分页检索。在整个过程中,不需要编写 OAuth 流程或直接使用 Microsoft Graph SDK,完全由 mcp-teams-server 代理完成,因此更安全、更易于集成大模型工作流。

11.5 bluesky-context-server

bluesky-context-server 是由 TypeScript 编写的轻量 MCP 服务器,依托 AT 协议官方 SDK 与 MCP 框架,让所有支持 MCP 的客户端(如 Claude Desktop、Goose CLI)都能通过标准化工具调用即时检索 Bluesky 社交网络中的个人资料、关注列表、帖子及个性化时间线,不需要手动编写 GraphQL 或 REST 请求。该服务器内置 9 个高频工具，涵盖 bluesky_get_profile、bluesky_get_posts、bluesky_search_posts 等常用场景，所有数据均以 JSON 文本格式返回，方便二次加工和对话呈现。

11.5.1 基础设置

1. 环境变量与依赖

安装 Bun，这是一款兼具运行时与包管理器功能的 JavaScript 工具，官网中脚本的安装命令如下：

```
https://b*n.sh/install
```

Bun 原生支持 TypeScript 文件直接运行，运行命令 bun index.ts 即可启动主入口。

2. 克隆仓库

代码如下：

```
git clone https://git***.com/laulauland/bluesky-context-server.git
```

执行命令 bun install 安装依赖，Bun 的包管理器比 npm 更快且兼容现有的 package.json 规范。

在项目根目录中创建 .env 文件，填入 BLUESKY_APP_KEY 与 BLUESKY_IDENTIFIER 两个变量，它们分别对应 Bluesky 账户的应用密码和用户名，服务器在启动时会强制检查这两个变量。

使用命令 bun index.ts 或 npm start（package.json 中已配置 start 脚本）即可通过标准输入/输出方式启动服务器，随后控制台会打印"Bluesky MCP Server running on stdio"提示。

若想在 Claude Desktop 中实现自动加载，可通过 Smithery 一键安装：

```
npx -y @smithery/cli install @laulauland/bluesky-context-server
--client claude
```

也可以在配置文件的 mcpServers 节点中手动添加运行指令与环境变量。

11.5.2 示例：热帖检索

使用 TypeScript 实现：

```typescript
/**
 * 通过 bluesky-context-server 搜索热帖并打印标题
 * 运行前请确认已输出 BLUESKY_APP_KEY 与 BLUESKY_IDENTIFIER
 */
import { Client } from "@modelcontextprotocol/sdk/client/index.js";
import { StdioClientTransport } from "@modelcontextprotocol/sdk/client/stdio.js";
import { spawn } from "child_process";

async function main() {
  // 启动 bluesky-context-server 子进程
  const server = spawn("bun", ["index.ts"], { stdio: "pipe" });

  // 建立标准输入/输出方式的传输通道
  const transport = new StdioClientTransport({ process: server });
  const client = new Client({ name: "bluesky-demo", version: "1.0.0" });
  await client.connect(transport);

  // 调用 bluesky_search_posts 工具，检索关键词"mcp"
  const res = await client.invoke("bluesky_search_posts", {
    query: "mcp",
    limit: 10,
  });

  // 解析返回结果并输出帖子的标题
  const items = JSON.parse(res.content[0].text).data.feed;
  console.log("搜索结果：");
  for (const item of items) {
    console.log("•", item.post.record.text);
  }

  await client.close();
  server.kill();
}

main().catch((e) => {
  console.error("执行异常:", e);
  process.exit(1);
});
```

在该示例中，首先用 spawn 命令在后台启动 bluesky-context-server，然后通过 StdioClientTransport 与之建立 MCP 通信通道。接着调用 bluesky_search_posts 工具并传入查询词 mcp 和结果条数 limit=10，bluesky-context-server 内部会利用 AT 协议的 app.bsky.feed.searchPosts 端点完成搜索并返回结果。解析脚本返回 JSON 后，打印每条帖子文本，实现在终端一键检索 Bluesky 热门内容的完整流程，适用于舆情监测、主题灵感收集等场景。

第 12 章
娱乐休闲

- 12.1 MemoryMesh
- 12.2 mcp-unity
- 12.3 hko-mcp
- 12.4 graphlit-mcp-server
- 12.5 mcp-summarizer

本章介绍 5 种"即插即用"的 MCP 服务器，展示如何让大模型在本地与云端场景中完成从记忆存储到可视化编辑，再到信息摄取与摘要的全链路操作过程。

（1）MemoryMesh：通过本地知识图谱 schema 自动生成增删改查工具，为文本角色扮演游戏（Role-Playing Game，RPG）、社交模拟或任务规划提供可读、可写的结构化长时记忆。

（2）mcp-unity：将 Unity Editor 封装为一台可编程 IDE，暴露执行菜单命令、操作 GameObject、运行测试等工具，让大模型能用自然语言直接操控游戏项目，实现从创建预制体到自动化调试的完整流程。

（3）hko-mcp：通过对 JavaScript 客户端与香港天文台 API 进行集成，为大模型提供实时气象数据查询与处理接口，开启大模型与天气服务的即时对话，为用户的"娱乐休闲"场景注入更多的动态变化体验与更强的沉浸感。

（4）graphlit-mcp-server：使用一条 npx 命令即可把 Slack、网页等多源内容输入 Graphlit 知识库，并通过提示词工程，使大模型对话实现 RAG 即刻问答，展示企业级 RAG 的轻量落地。

（5）mcp-summarizer：依托 Gemini 1.5 Pro 模型提供多格式的高保真摘要服务，支持自定义长度、语言与风格，助力快速提取长文中的要点。

通过学习本章内容，读者将学会为大模型快速打造"结构化记忆、3D 编辑、公共 API、RAG 检索、智能摘要"等五大能力，全面体验 MCP 在开发、运维与内容处理中的高效性与易用性。

12.1 MemoryMesh

MemoryMesh 是一种本地知识图谱 MCP 服务器，特别适用于文本角色扮演游戏和互动讲故事。MemoryMesh 的核心功能是帮助大模型在对话中保持一致且结构化的记忆，从而实现更加丰富和动态的交互过程。

12.1.1 基础设置

1. 安装依赖

代码如下：

```
git clone https://git***.com/CheMiguel23/MemoryMesh.git
cd MemoryMesh
npm install          # 安装 TypeScript 依赖
npm run build        # 编译到 dist，并复制示例数据
```

2. 启动 MCP 服务器

```
node dist/index.js
# 标准输入/输出方式，这是接入 Claude Desktop 和 Cursor 的最简单的方式
# 如需 SSE 方式，可添加 node dist/index.js --transport sse --port 7075
```

在首次启动时，会读取 dist/data/schemas 中的预设 RPG schema，并在 stdout 中输出 server_metadata 握手包。

3. 将服务器接入 Claude Desktop

在 claude_desktop_config.json 中添加以下代码：

```
"mcpServers":{
  "memorymesh":{
    "command":"node",
    "args":["/ABS/PATH/MemoryMesh/dist/index.js"]
  }
}
```

保存并重启 Claude Desktop 后，会看到诸如 add_npc、update_npc、delete_npc 等工具。

12.1.2 示例：用动态工具构建 RPG 世界

下面演示如何用动态工具为 RPG 世界添加角色、地点，并建立关系，使用 Python 实现如下。

```
from mcp_client import MCPClient
cli = MCPClient(transport="stdio")
cli.connect()
```

```
# 1.添加地点
loc = cli.execute_tool("add_location",{
    "name":"Rivendell",
    "region":"Eriador"
})
print("已创建地点:", loc["node"]["name"])

# 2.添加NPC,并自动建立located_in关系
npc = cli.execute_tool("add_npc",{
    "name":"Aragorn",
    "race":"Human",
    "currentLocation":"Rivendell"
})
print("已创建角色:", npc["node"]["name"])

# 3.查询节点(MemoryMesh会自动生成list_* 工具)
nodes = cli.execute_tool("list_nodes",{"nodeType":"npc"})
print("当前NPC数量:", len(nodes["nodes"]))

cli.disconnect()
```

add_location 与 add_npc 都是由示例 schema 动态生成的工具。schema 通过 relationship.edgeType 指定"NPC→地点"的 located_in 边。

所有数据都默认存储在 dist/data/memory.json 中,可用 MemoryViewer.html 实现图形化浏览。

若要自定义实体,那么只需在 dist/data/schemas 中新建 add_<entity>.schema.json,在下次启动时,MemoryMesh 就会生成对应的工具。

借助 MemoryMesh,我们可以让大模型在对话中实时读取、修改、连接结构化知识,不需要手写数据库层,这大大降低了构建"带记忆"的交互式应用的门槛。

12.2 mcp-unity

mcp-unity 将 Unity Editor 包装成一台"可编程 IDE",通过 MCP 向大模型暴露 7 种高频工具(包括执行菜单命令、选中 GameObject、修改 GameObject、添加包、运

行测试、将资源拖入场景、弹出通知）及数个只读资源（如项目层次、菜单列表、日志等），让 Claude Desktop、Cursor、Windsurf 等客户端能用自然语言直接操作 Unity 项目，完成从创建预制体到批量运行 EditMode 测试的完整自动化流程。

12.2.1 基础设置

1. 环境与依赖

安装 Node.js 18 及以上版本，并使用命令 npm i -g pnpm 安装 pnpm。

Unity 2021.3 已成功安装，并可以通过 Hub 打开目标工程。截至本书写作时，mcp-unity 与 2020/6000 分支的兼容性问题仍在 Issue 中更新。

克隆并安装仓库：

```
git clone https://git***.com/CoderGamester/mcp-unity.git
cd mcp-unity
pnpm install          # 安装 TypeScript 服务端与 VSCode 扩展
pnpm run build        # 编译
```

2. 启动 MCP 服务器

代码如下：

```
pnpm start         # 默认为标准输入/输出方式，与 Claude Desktop 和 Cursor 即插即用
# 远程 IDE，需要 SSE
pnpm start -- --transport sse --port 7076
```

在首次启动时，会输出 server_metadata，并监听 Unity Library 目录，以生成代码智能提示。

客户端接入示例（Claude Desktop）：

```
"mcpServers":{
  "unity":{
    "command":"pnpm",
    "args":["start"]
  }
}
```

重启 Claude Desktop 后，工具栏中会出现 execute_menu_item、select_gameobject 等条目。

12.2.2 示例：Unity 编辑器的自动化

下面示范如何用大模型在当前场景中创建空对象、添加 Rigidbody，并运行所有 EditMode 测试。

使用 Python 实现：

```
from mcp_client import MCPClient
cli = MCPClient(transport="stdio")    # 连接本地服务
cli.connect()

# 1.执行Unity菜单命令：GameObject/Create Empty
cli.execute_tool("execute_menu_item",{
    "menu_path":"GameObject/Create Empty"
})

# 2.选中刚创建的GameObject（Unity自动命名为GameObject）
cli.execute_tool("select_gameobject",{
    "path_in_hierarchy":"GameObject"    # 根路径匹配
})

# 3.为该对象加Rigidbody，并设置mass=5
cli.execute_tool("update_component",{
    "gameobject_path":"GameObject",
    "component":"UnityEngine.Rigidbody",
    "values":{"m_Mass":5}
})

# 4.运行全部EditMode测试
result = cli.execute_tool("run_tests",{
    "test_mode":"EditMode"
})
print("失败用例数:", result["failed"])

cli.disconnect()
```

execute_menu_item 会在后台调用 Unity Editor API，并刷新层级树，支持任意带有"MenuItem"的自定义工具。

若目标缺少指定组件，那么 update_component 会自动调用 AddComponent，再写入序列化字段，并支持枚举、引用和数值类型的序列化。

run_tests 通过 Unity Test Runner CLI 执行，返回 passed、failed、skipped 等统计与控制台日志片段。

若要列出完整的菜单或层级，那么可读取只读资源 unity://menu-items 与 unity://hierarchy，帮助大模型自动补全路径。

借助 mcp-unity，大模型得以在 IDE 级别深度协同，能够读写组件、安装包、运行测试，甚至解析 Console 日志，为游戏原型迭代与自动化调试开辟全新的工作流。

12.3 hko-mcp

hko-mcp 是一个由 Louiscard 开发的个人项目，旨在通过与香港天文台（Hong Kong Observatory，HKO）以及可能的其他 MCP（可能是自定义或第三方服务）API 进行集成，探索现代 TypeScript 工具和测试实践。在本书写作时，该项目处于活跃开发阶段，支持提交拉取请求。

12.3.1 基础设置

1. 安装依赖

代码如下：

```
# 在项目的根目录中运行
npm install hko-mcp
```

2. 环境配置

在项目的根目录中创建 .env 文件，并设置以下变量：

```
HKO_API_KEY=读者的 ApiKey
HKO_ENDPOINT=https://ap*.hko.gov.hk
```

3. 初始化客户端

代码如下：

```
import { HkoMcpClient } from 'hko-mcp';

// 使用环境变量初始化
const client = new HkoMcpClient({
  apiKey: process.env.HKO_API_KEY,
  endpoint: process.env.HKO_ENDPOINT
});
```

12.3.2 示例：气象数据的获取与处理

下面演示如何使用 hko-mcp 获取并处理气象数据。

使用 JavaScript 实现：

```
// 引入所需的模块
import axios from 'axios';

// 定义获取香港天文台数据的函数
async function fetchHKOData(url: string): Promise<void> {
  try {
    // 发起 HTTP 请求获取数据
    const response = await axios.get(url);
    // 检查响应状态码是否为 200（成功）
    if (response.status === 200) {
      // 打印获取到的数据
      console.log('从香港天文台获取的数据：', response.data);
    } else {
      // 如果状态码不是 200，则打印错误信息
      console.error('获取数据失败，状态码：', response.status);
    }
  } catch (error) {
    // 捕获异常，并打印错误信息
    console.error('发生错误：', error);
  }
}

// 调用函数，传入香港天文台的 API 地址
fetchHKOData('https://ap*.hko.gov.hk/some-endpoint');
```

在上述代码中，使用 axios 库发起 HTTP 请求，这是一个常用的 HTTP 客户端库。

函数 fetchHKOData 接收一个 URL 参数，表示要请求的香港天文台的 API 地址。

在获取数据后，检查响应状态码是否为 200，如果是，则打印获取到的数据，否则打印错误信息。

如果在请求过程中发生异常，则会捕获异常并打印错误信息。

最后，通过调用该函数并传入具体的 API 地址，可以实现从香港天文台获取数据的功能。

12.4 graphlit-mcp-server

graphlit-mcp-server 可以让支持 MCP 的客户端（如 Cursor、Windsurf、Goose CLI 或 Claude Desktop）迅速接入 Graphlit Platform 的 RAG 知识库，具备网页爬取与多源数据连接功能，只需 1 条 npx 命令与 3 个环境变量即可运行。随后，大模型便能通过数十个内置工具完成内容获取、查询、提取与发布的全流程操作，极大简化企业级检索增强生成的落地工作。

12.4.1 基础设置

1. 环境变量与依赖

确保本机已装 Node.js 18.x 及以上版本，并且拥有 Graphlit Platform 账户，以便取得 Organization_ID、Environment_ID 与 JWT_Secret 这 3 组凭据。

2. 环境配置

克隆仓库或直接执行：

```
npx -y graphlit-mcp-server
```

拉取并启动最新版本的服务器，兼容 Bun 及 pnpm，但官方推荐 npx 方案以获得更顺畅的配置体验。

在当前终端导出 3 个环境变量：

```
export GRAPHLIT_ORGANIZATION_ID=org_xxx
export GRAPHLIT_ENVIRONMENT_ID=env_xxx
export GRAPHLIT_JWT_SECRET=jwt_xxx
```

若希望在 IDE 侧边栏自动出现工具面板，那么可根据各个 IDE 文档，将以上启动指令写入配置：

Cursor 在 settings.json 中的 mcpServers 节点添加一条 command
Windsurf 则在 mcp_config.json 中增加了 server 条目

两者均支持标准输入/输出与 SSE 方式。

graphlit-mcp-server 同时支持使用 Smithery 实现一键安装，在 Claude Desktop 中执行以下代码：

```
npx -y @smithery/cli install @graphlit/graphlit-mcp-server --client claude
```

这样就完成了挂载。

12.4.2 示例：批量获取 Slack 频道的消息及问答对话

使用 TypeScript 实现：

```typescript
# !/usr/bin/env bun
/**
 * 调用 graphlit-mcp-server，首先批量获取 Slack 频道消息
 * 然后立即对获取到的对话进行 RAG 问答
 */
import {Client} from "@modelcontextprotocol/sdk/client/index.js";
import {StdioClientTransport} from "@modelcontextprotocol/sdk/client/stdio.js";
import {spawn} from "child_process";

async function main() {
  // 启动 graphlit-mcp-server 子进程
  const server = spawn("npx", ["-y", "graphlit-mcp-server"], {stdio:
"pipe", env: process.env});

  // 创建标准输入/输出方式的传输通道并连接
  const transport = new StdioClientTransport({process: server});
```

```
const client = new Client({name: "graphlit-demo", version: "1.0.0"});
await client.connect(transport);

// 1.使用 SlackIngestTool 获取指定频道
await client.invoke("SlackIngestTool", {channelName: "engineering"});

// 2.等待获取结果（简单轮询 IsFeedDone 工具）
let done = false;
while (!done) {
  const status = await client.invoke("IsFeedDone", {channelName:
"engineering"});
  done = status.content.done;
  if (!done) await new Promise(r => setTimeout(r, 5000));
}

// 3.调用 PromptLLMConversation 工具，对新知识库提问
const answer = await client.invoke("PromptLLMConversation", {
  prompt: "最近一周工程团队讨论了哪些关键发布阻塞？"
});
console.log("回答：", answer.content);

await client.close();
server.kill();
}
main().catch(e => {console.error(e); process.exit(1);});
```

在该示例中，首先通过 spawn 以 npx 方式在后台启动 graphlit-mcp-server，凭借之前设置的环境变量完成身份验证。

然后，利用 SlackIngestTool 将 engineering 频道的所有消息批量写入 Graphlit，此工具已内置 Slack API 认证流程，不需要手动使用 OAuth 配置 Graphlit: Knowledge API Platform。

接着，循环调用 IsFeedDone 检测获取进度，确保数据全部被转写为 Markdown 格式，并将数据向量化后再进行检索。

最后，调用 PromptLLMConversation 在本地 MCP 客户端发起 RAG 对话，Graphlit 后端会自动匹配最相关的代码，并让大模型生成答案。整个流程体现了"零代码构建私域知识库并即刻问答"的实际价值。

12.5 mcp-summarizer

在 MCP 生态中，mcp-summarizer 定位为"一站式智能摘要服务器"，依托 Google Gemini 1.5 Pro 模型，支持对纯文本、网页、PDF、epub 及 HTML 源码进行多语言、高精确度的提炼，帮助读者用更少的时间获取关键信息。项目默认采用标准输入/输出方式，开箱即用，可灵活嵌入 Claude Desktop、Cursor 等任意 MCP 客户端工作流，使长篇资料与大模型对话无缝衔接。其核心工具 summarize 提供了针对摘要长度、语言、风格与关注点等的可调参数，并附带 greeting 示例资源，方便新手快速理解 MCP 中的 resource 机制。

12.5.1 基础设置

1. 克隆仓库

代码如下：

```
git clone https://git***.com/0xshe 大模型 ing/mcp-summarizer.git
cd mcp-summarizer
```

2. 安装依赖（项目使用 pnpm）

代码如下：

```
pnpm install
```

3. 编译 TypeScript 源码

代码如下：

```
pnpm run build
```

4. 启动服务器

代码如下：

```
pnpm start
```

在首次运行时，需在环境变量中配置 GOOGLE_API_KEY，以便 Gemini 模型鉴权。如需热重载，那么可执行以下代码：

```
pnpm run dev
```

12.5.2　示例：3 分钟技术文章摘要机器人

下面演示如何在本地调用 mcp-summarizer，把一篇 Markdown 格式的技术文章提炼为 200 字以内的要点列表。

使用 TypeScript 实现：

```
// 引入 MCP 客户端 SDK
import { McpClient } from "@modelcontextprotocol/sdk/client";
import fs from "node:fs/promises";

async function main() {
  // 构造采用标准输入/输出方式传输的本地客户端
  const client = new McpClient({ transport: "stdio" });

  // 读取待摘要的 Markdown 文件
  const article = await fs.readFile("./article.md", "utf8");

  // 调用 summarize 工具
  const result = await client.invoke("summarize", {
    content: article,         // 待摘要内容
    type: "text",             // 内容类型
    maxLength: 200,           // 最大字数
    language: "zh",           // 输出语言
    style: "bullet-points"    // 摘要风格：要点式
  });

  console.log("摘要结果:", result.content[0].text);
}

main().catch(console.error);
```

该脚本首先通过标准输入/输出方式连接本机运行的 mcp-summarizer，然后读取本地的 Markdown 格式文章，调用 summarize 工具生成"要点式"的中文摘要，并打印输出。通过调整 maxLength 与 style 参数即可灵活控制摘要的粒度与格式，适合在知识库去重、周报编写或代码审查前快速把握核心内容。

附录 A

MCP 官方集成的 MCP 服务器

MCP 官方集成的 MCP 服务器主要有以下几种。

- 21st.devMagic：提供高质量的 UI 组件。
- Adfin：集中管理收款事务，支持发票开具与会计对账。
- AgentQL：将非结构化网页的数据转换为结构化数据。
- AgentRPC：支持跨网络调用任意编程语言中的函数。
- Aiven：操作 PostgreSQL、Kafka、ClickHouse、OpenSearch 实例。
- ApacheIoTDB：适用于 Apache IoTDB 数据库及配套工具。
- Apify-ActorsMCPServer：调用 3000 多种云爬虫工具，支持提取网站、电商、社交媒体等的数据。
- APIMaticMCP：验证 OpenAPI 规范并返回详细的摘要。
- AstraDB：管理 DataStax Astra DB 的文档与集合，支持批量操作。
- AudienseInsights：提供受众分析，包括人口统计、文化特征及内容参与度。
- Axiom：通过自然语言检索日志、跟踪数据与事件。
- BanklessOnchain：查询 ERC-20 代币、交易记录与合约状态。
- BICScan：为 EVM 地址或域名生成风险评分并统计资产持有量。
- Box：支持操作 Intelligent Content Management 平台。
- Browserbase：提供云端浏览器自动化服务，支持网页跳转、数据提取与表单填写。
- Chargebee：将 AI 代理接入 Chargebee 订阅与账单系统。
- Chroma：开源的向量数据库，支持嵌入、全文检索与文档存储。
- ChronulusAI：提供时间序列预测与情景推演服务。
- CircleCI：分析并修复 CircleCI 构建失败的问题。
- ClickHouse：查询自托管的 ClickHouse 数据库。
- Cloudflare：在 Workers、KV、R2、D1 上部署与管理资源。
- Codacy：查询 Codacy 的代码质量、漏洞与覆盖率报告。
- CodeLogic：可视化代码与数据依赖，加速 AI 应用的调试与优化。
- CometOpik：检索大模型日志、提示与遥测数据。
- Convex：查询在 Convex 上部署的应用。
- Dart：在 Dart 项目管理平台上操作任务与文档。
- DevHub：维护 DevHub CMS 网站的内容。

- E2B：在 E2B 的安全沙箱中运行代码。
- EduBase：电子学习平台，支持测验、考试与内容管理。
- Elasticsearch：执行搜索与聚合操作。
- 电子签名：起草、审阅并发送具有法律效力的合同。
- Exa：面向 AI 应用的高速搜索引擎。
- Fewsats：安全地完成在线支付。
- Fibery：在工作区执行数据查询与变更操作。
- FinancialDatasets：提供股票市场数据的 API。
- Firecrawl：快速抓取网页上的内容。
- Fireproof：支持实时同步的不可变账本数据库。
- Gitee：管理仓库、Issue 与 Pull Request。
- gotoHuman：人机协同平台，将审批请求推送至 gotoHuman 的收件箱。
- Grafana：搜索仪表板并查询数据源。
- Graphlit：将 Slack、Gmail 等的内容提取到可搜索项目中。
- GreptimeDB：分析与查询数据库。
- Heroku：管理应用、附加组件与数据库。
- Hologres：获取元数据并执行查询操作。
- Hyperbrowser：支持大规模脚本的浏览器自动化平台。
- IBMWxflows：快速构建与部署数据流。
- ForeverVM：在沙箱中运行 Python 代码。
- InboxZero：自动整理邮箱。
- Inkeep：实现 RAG 搜索。
- 集成应用程序：代表用户与任意 SaaS 系统交互。
- JetBrains：调用 JetBrains IDE 处理代码运行任务。
- Kagi 搜索：调用 Kagi API 执行高质量的网页搜索操作。
- Keboola：在单一的平台上构建数据工作流并进行分析。
- LaraTranslate：提供语言检测与上下文翻译服务。
- Logfire：访问 Logfire 的 OpenTelemetry 的跟踪数据与指标。
- Lingo.dev：让 AI 应用支持全球语言的本地化。
- Mailgun：调用 Mailgun API 收发邮件。

- Make：将 Make 工作流暴露为可调用工具。
- Meilisearch：调用 Meilisearch 的全文与语义搜索 API。
- Metoro：查询 Metoro 监控的 Kubernetes 集群。
- Milvus：在 Milvus 中搜索与管理数据。
- Momento：使用 Momento Cache 降低延迟并扩展负载。
- MotherDuck：结合 MotherDuck 与 DuckDB 进行本地分析。
- Needle：即开即用的 RAG 服务，检索私有文档。
- Neo4j：读写图数据库并获取架构信息。
- Neon：操作 Neon 无服务器的 PostgreSQL 实例。
- Notion：通过 MCP 封装 Notion API。
- OceanBase：连接 OceanBase 并调用工具。
- Octagon：整合公开市场与私有市场的数据，以供投资人员研究。
- Oxylabs：调用 Oxylabs API 抓取并解析动态网页。
- Paddle：管理 Paddle 的产品目录、订阅与报告。
- PayPal：PayPal 官方的 MCP 服务器。
- Perplexity：接入 Perplexity Sonar API，实现实时网页研究。
- Qdrant：在 Qdrant 向量引擎上构建语义记忆。
- Ramp：调用 Ramp API 分析企业支出情况。
- Raygun：获取监控数据与错误报告。
- Rember：生成间隔重复卡片以巩固记忆。
- Riza：执行任意代码并调用自定义工具。
- Search1API：提供统一的搜索、抓取与站点地图服务。
- ScreenshotOne：生成高分辨率的网页截图。
- Semgrep：扫描并保护代码。
- SingleStore：与 SingleStore 交互。
- StarRocks：连接 StarRocks 进行高速分析。
- Stripe：支持支付、用户管理与退款操作。
- Tavily：支持 AI 搜索与内容提取操作。
- Thirdweb：读写 2000 多个区块链，支持合约分析与交易操作。
- Tinybird：操作 Tinybird 无服务器的 ClickHouse 平台。

- UnifAI：动态发现与调用工具。
- 非结构化：在非结构化平台上配置并运行数据。
- 矢量化：提供高级检索、文件抽取与文本分块服务。
- Verodat：访问 AI Ready Data 平台。
- VeyraX：统一控制 100 多个 API 集成与 UI 组件。
- Xero：管理财务数据。
- Zapier：快速地将 AI 代理与 8000 款应用对接。
- ZenML：操作 MLOps 流水线。

附录 B
社区集成的 MCP 服务器

社区集成的 MCP 服务器主要有以下几种。注意，这些 MCP 服务器未经过 Anthropic 公司的验证，有一定的使用风险。

- AbletonLive：用于控制 AbletonLive 的 MCP 服务器。
- Airbnb：提供搜索 Airbnb 房源并获取详情的工具。
- AIAgentMarketplaceIndex：从 AI Agent Market place Index 上检索 5000 多种 AI 代理与工具，并监控流量。
- Algorand：全面支持 40 多种工具与 60 多种资源，帮助 AI 代理与 Algorand 区块链交互。
- Airflow：通过官方的 Python SDK 连接 Apache Airflow 并管理工作流。
- Airtable：读写 Airtable 数据库并执行架构检查。
- AirtableServer：Airtable 模型的上下文协议实现。
- AlphaVantage：调用 AlphaVantage 的股票市场数据 API。
- Amadeus：调用 Amadeus 的航班优惠搜索 API，获取航司、时刻与定价信息。
- Anki：操作本地 Anki 牌组与卡片。
- AnyChatCompletions：兼容 OpenAI、Perplexity、Groq、xAI 等聊天工具。
- Apple 日历：用自然语言创建、修改和查询 macOS 日历事件。
- ArangoDB：提供 ArangoDB 图-文档数据库读写接口。
- Arduino：通过 Claude AI 与 Arduino ESP32 实现机器人的自动化控制。
- Atlassian：支持 Confluence 页面读取及 Jira 问题与项目数据访问。
- AttestableMCP：基于 TEE 环境运行，采用 RA-TLS 协议实现服务器的可信度验证。
- AWS：调用大模型自动管理 AWS 云资源。
- AWSAthena：在 AWS Glue Catalog 上执行 SQL 查询。
- AWSCostExplorer：分析 AWS 的跨区域服务支出情况（含 Amazon Bedrock 费用）。
- AWSResourcesOperations：生成并执行 boto3 脚本，安全地修改资源。
- AWSS3：支持对 PDF 等 S3 对象的灵活读取。
- AzureADX：提供 Azure Data Explorer 数据库的查询与分析功能。
- AzureDevOps：通过 API 桥接实现工作项管理。
- 百度 AI 搜索：提供基于百度云 API 的网页检索服务。

- BaseFreeUSDCSend：在 Base 链上实现 USDC 免费转账（使用 Coinbase CDP）。
- BasicMemory：基于 Markdown 的本地优先知识管理系统，支持语义图生成。
- BigQueryLucasHild：支持 BigQuery 架构检查与 SQL 执行。
- BigQueryErgut：完整的 Google BigQuery 集成解决方案。
- BingWebSearchAPI：微软必应的网页搜索 API 封装接口。
- BitableMCP：通过 MCP 访问飞书（Lark）的多维表格。
- Blender：支持 3D 场景与模型的脚本化创建与编辑。
- BrowserAutomation：基于 Playwright-Chromium-VNC 的浏览器自动化方案，支持 STDIO 与 SSE 恢复。
- BSCMCP：桥接 BNB Smart Chain（BSC），支持链上转账、交易及安全检查。
- Calculator：支持高精度数值与单位计算。
- CFBDAPI：College Football Data API。
- ChatMCP：跨平台图形界面，通过 AIQL 连接多种大模型与 MCP 服务器。
- ChatSum：查询并汇总聊天记录。
- ChessCom：支持国际象棋玩家数据与对局分析、检索。
- Chroma：提供语义向量搜索与元数据过滤服务。
- ClaudePost：提供 Gmail 邮件搜索、阅读与发送功能。
- Cloudinary：提供媒体文件上传与优化链接生成服务。
- CodeAssistant：浏览并修改受信仓库中的代码。
- CodeExecutor：在隔离的 Conda 环境中执行 Python 代码段。
- CodeSandboxMCP：创建安全的 Docker 沙箱并运行代码。
- CogneeMCP：GraphRAG 的内存服务器，支持自定义摄取与检索。
- CoinAPIMCP：读取 CoinMarketCap 的加密货币行情。
- ContentfulMCP：读写 Contentful 空间的内容并发布。
- CryptoFearGreedMCP：获取实时的加密恐慌-贪婪指数。
- CryptoPanicMCP：提供最新加密的新闻流。
- Dappier：接入高质量的专有数据源，包括新闻、财经、体育等。
- Databricks：运行 SQL 语句并查看 Databricks 的作业详情。
- Datadog：查询 Datadog 的监控、仪表板与事件信息。

- 数据探索：对 CSV 数据集自动进行探索并生成见解。
- 数据集查看器：浏览 HuggingFace 数据集并支持过滤与导出。
- DBHub：通用的数据库网关，连接 MySQL、PostgreSQL、SQLite 和 DuckDB。
- DeepSeekServer：封装 DeepSeek 与其他 API 端点。
- DeepSeekR1：将 ClaudeDesktop 连接至 DeepSeek 的 R1 或 V3 模型。
- DeepSeekThinker：在本地或云端查看 DeepSeek 的推理流程。
- Descope：查询审计日志并管理 Descope 用户。
- DevRev：检索 DevRev 知识图谱并更新对象。
- Dicom：检索医学影像并解析 DICOM 文件。
- Dify：简易的 Dify 工作流服务器。
- DiscordBot：通过机器人读取与发送 Discord 消息。
- Discourse：在 Discourse 论坛上搜索帖子。
- Docker：管理容器、镜像、卷与网络。
- DrupalSTDIO：通过 STDIO 与 Drupal 交互。
- DuneAnalyticsMCP：查询链上分析平台 Dune。
- EdgeOnePages：部署 HTML 到 EdgeOnePages 并生成公共 URL。
- ElasticsearchServer：执行 Elasticsearch 搜索与聚合。
- ElevenLabs：调用 ElevenLabsTTS 生成多语音旁白。
- ErgoBlockchain：检查 Ergo 区块链的余额与交易信息。
- Eunomia：扩展 Eunomia 框架并将其连接仪器数据。
- EVMServer：支持 30 多种 EVM 链的代币、NFT、交易与 ENS 操作。
- EverythingSearch：跨 Windows、macOS、Linux 操作系统进行极速文件搜索。
- Excel：读写 Excel 表格，生成图表与数据透视表。
- FantasyPL：访问 Fantasy Premier League 的最新数据。
- FastnAIUnifiedAPI：统一调用 1000 多种工具与工作流。
- Fetch：灵活抓取 HTML、JSON、Markdown 或纯文本。
- Fingertip：在 Fingertip 网站上搜索并创建站点。
- Figma：获取并编辑 Figma 文件的数据。
- Firebase：管理 FirebaseAuth、Firestore、Storage 等服务。
- FireCrawl：高级网页抓取，支持 JS 渲染与 PDF。

- FlightRadar24：实时跟踪航班并返回飞行数据。
- GhostCMS：通过大模型接口操作 Ghost 的内容。
- GitHubActions：查询与管理 GitHub Actions 工作流。
- Glean：使用 GleanAPI 执行搜索与对话。
- Gmail：在 Claude Desktop 上集成 Gmail 并自动认证。
- GmailHeadless：远程托管 Gmail，不需要本地凭据。
- GoalStory：个人与职业目标跟踪可视化工具。
- GOAT：在多条链上执行 200 多种链上操作。
- Godot：编辑、调试 Godot 项目并管理场景。
- GolangFilesystem：Golang 文件系统的 MCP 服务器。
- Goodnews：提供精选新闻摘要。
- Google 日历：查询、添加、删除 Google 日历事件并搜索空闲时间。
- Google 自定义搜索：调用 Google CSE 返回搜索结果。
- GoogleTasks：管理 Google Tasks 的任务列表。
- GraphQLSchema：让大模型探索大型 GraphQL 模式。
- HDWLinkedIn：通过 Horizon Data Wave 访问 LinkedIn 的简介数据。
- HeuristMesh：通过 Web3 代理进行链上分析与安全检查。
- Holaspirit：与 Holaspirit 团队协作平台交互。
- HomeAssistant：查看并控制 Home Assistant 实体。
- HomeAssistantDocker：预构建 Docker 映像，支持实体管理与自然语言对话。
- HubSpot：在聊天过程中创建并检索 HubSpot CRM 的数据。
- HuggingFaceSpaces：调用开源模型与接口，适配 Claude Desktop。
- Hyperliquid：集成 Hyperliquid SDK 处理交易数据。
- 科大讯飞工作流：连接讯飞工作流并运行自定义的 Agent。
- 图像生成：使用 ReplicateFlux 模型生成图像。
- InfluxDB：查询 InfluxDB v2 上的数据。
- Inoyu：操作 Apache Unomi 客户端的数据平台。
- Intercom：读取 Intercom 支持票并进行分析。
- iOS 模拟器：用自然语言控制 iOS 模拟器。
- iTermMCP：与 iTerm2 集成并执行终端命令。

- JavaFX：在 JavaFX 画布上绘图。
- JDBC：读写任意 JDBC 数据库。
- JSONServer：支持 JSONPath 的高级查询与处理。
- KiCad：在 KiCad 中执行自动化流程。
- Keycloak：通过自然语言管理 Keycloak 用户与领域。
- Kibela：调用 Kibela API 管理知识库。
- Kintone：使用大模型管理 Kintone 的记录与应用。
- KongKonnect：分析 Kong 的网关配置与流量。
- Kubernetes：管理 Kubernetes 的 Pod、Deployment 与 Service。
- KubernetesOpenShift：支持 OpenShift 的资源与日志。
- LangflowDocQAServer：通过 Langflow 后端回答文档问题。
- Lightdash：查询并操作 Lightdash BI 项目。
- Linear：搜索、创建、更新 Linear 事务。
- LinearGo：Go 语言编译版的 Linear API 客户端。
- LINEBot：读取并分析 LINE 对话，支持 Webhook 功能。
- LlamaCloud：访问托管在 Llama Cloud 上的索引数据。
- 大模型 Context：将存储库包装为 MCP 工具，支持文件规则设定。
- MacMessages：安全地查询与发送 iMessage 消息。
- MariaDB：支持连接 MariaDB 并进行权限控制。
- Maton：支持统一访问 HubSpot、Salesforce 等 SaaS 平台的数据。
- MCPCompass：根据需求推荐合适的 MCP 服务器。
- MCPCreator：动态地创建与管理 MCP 服务器实例。
- MCPInstaller：自动安装其他 MCP 服务器。
- MCPK8sGo：用 Go 语言浏览 Kubernetes 中的日志与事件信息。
- MCPLocalRAG：进行本地 RAG 搜索，依赖 DuckDuckGo 与 TextEmbedder。
- MCPProxy：将服务器代理为 SSE 或连接远程 SSE。
- Mem0MCP：管理代码偏好与记忆。
- MSSQL：支持对 MSSQL 数据库的读写与安全控制。
- MSSQLJexin：Python 只读版的 MSSQL 客户端。
- MSSQLAmornpan：用 Python 实现的更安全的 MSSQL 客户端。

- MSSQLDaobataotie：基于 SQLite 实例改写的 MSSQL 实现方案。
- Markdownify：把 PPTX、HTML、PDF 等文件转换为 Markdown 文件。
- MicrosoftTeams：读取与发布 Teams 消息并列出成员信息。
- Mindmap：根据 Markdown 的内容生成思维导图。
- Minima：对本地文件执行 RAG 检索操作。
- 移动 MCP：实现自动化的 iOS 与 Android 设备或模拟器操作。
- MongoDB：标准的 MongoDB MCP 服务器。
- MongoDBFull：提供完整的 MongoDB 管理功能。
- MondayCom：管理 Monday 网站的项目与看板内容。
- MulticlusterMCP：在多个 Kubernetes 集群之间进行作业调度。
- MySQLBenborla：Node.js 版的 MySQL 数据库桥接工具。
- MySQLDesignComputer：Python 版的 MySQL 接口工具。
- n8n：管理 n8n 工作流的工具集合。
- NASA：统一访问 NASA APOD、NEO、EPIC 等数据接口。
- NasdaqDataLink：获取纳斯达克经济与金融数据。
- NationalParks：查询美国国家公园的信息与活动。
- NAVERNews：检索 NAVER 平台的博客、新闻与书籍内容。
- NSTravelInfo：获取荷兰的铁路实时运行信息。
- Neo4jServer：与 Neo4j 图数据库交互。
- Neovim：管理 Neovim 编辑器的会话状态。
- NotionSuek：使用 Notion API 读写页面的内容。
- NotionV3：在 Claude 聊天环境中搜索与更新 Notion。
- NtfyMCP：通过 ntfy 服务向移动设备发送通知。
- OatppMCP：基于 Oat++框架的 C++服务器。
- ObsidianNotes：搜索与读取 Obsidian 笔记库的内容。
- ObsidianMCP：对 Obsidian 笔记执行读写与组织操作。
- OceanBase：安全连接 OceanBase 数据库。
- Okta：使用 OktaAPI 管理身份认证与权限。
- OneNote：通过 Graph API 读写 OneNote 笔记的内容。
- OpenAIWebSearch：通过 Python 封装 OpenAI 内置的工具。

- OpenAPI：与开放的 API 端点交互。
- OpenAPIAny：通过语义搜索大型 OpenAPI 文档。
- OpenAPISchema：帮助大模型探索 OpenAPI 架构。
- OpenCTI：检索网络安全威胁情报与指标。
- OpenDota：获取 Dota2 的比赛数据与玩家信息。
- OpenRPC：发现并调用 JSON-RPC 接口。
- OpenStrategyTools：编辑产品价值地图与定位文档。
- PandocServer：调用 Pandoc 进行文档格式转换。
- PIF：个人智能框架，支持文件处理与日志推理。
- Pinecone：上传与搜索向量数据，支持简单的 RAG 搜索。
- PlacidApp：根据模板生成图片与视频素材。
- PlaywrightServer：运行浏览器的自动化测试脚本。
- PostmanRunner：在本地执行 Postman 集合并返回测试结果。
- Productboard：集成 Productboard API 至 AI 工作流。
- Prometheus：查询 Prometheus 的监控指标与告警信息。
- Pulumi：创建及管理 Pulumi 基础设施堆栈。
- Pushover：向指定的设备发送即时通知消息。
- QGIS：在 QGIS 中加载地理图层并执行脚本代码。
- QuickChart：生成图表并返回其 URL。
- QwenMax：调用 QwenMax 大模型的接口。
- RabbitMQ：发布与订阅 RabbitMQ 的消息队列。
- RAGWebBrowser：通过 Apify Web Actor 进行 RAG 搜索。
- Reaper：管理 Reaper 数字音频工作站项目。
- Redis：执行 Redis 键值存储与缓存管理操作。
- RememberizerAI：基于数据源生成记忆强化卡片。
- Replicate：搜索、运行 Replicate 模型并监控预测结果。
- Rquest：模拟浏览器的 HTTP 请求以绕过反爬虫机制。
- Rijksmuseum：搜索 Rijksmuseum 的艺术品并下载高清图像。
- Salesforce：读写 Salesforce 的平台数据与元数据。
- Scholarly：检索学术论文与引用。

- ScraplingFetch：从反爬虫网站抓取 HTML 或 Markdown 格式的数据。
- SearXNGServer：调用 SearXNG 隐私搜索引擎。
- SECEDGAR：访问美国证券交易委员会（SEC）的 EDGAR 财报数据库。
- ServiceNow：管理 Service Now 实例中的业务数据。
- Shopify：读写 Shopify 商店的订单、客户与产品信息。
- Siri 快捷方式：支持调用 macOS 操作系统的 Siri 和 Shortcuts。
- Snowflake：安全查询 Snowflake 数据仓库。
- SoccerDataAPI：实时获取足球比赛数据。
- SolanaAgentKit：使用 SendAI Solana 工具包执行链上作业。
- Spotify：播放音乐并获取 Spotify 的音乐数据。
- StarwindUI：使用 Starwind 开源 Astro UI 组件库。
- Stripe：处理 Stripe 支付事务，管理客户与退款数据。
- ShaderToy：与 Shader Toy API 交互并生成 GLSL 着色器代码。
- Tavily 搜索：支持 Tavily 搜索与新闻提取、站点过滤。
- Telegram：通过 Telethon 分页读取与发送消息。
- TelegramClient：管理 Telegram 的对话、草稿与消息状态。
- TerminalControl：安全地执行终端命令，支持文件系统导航。
- TFTMatchAnalyzer：检索 Teamfight Tactics 的比赛历史信息。
- Ticketmaster：使用 Ticketmaster API 搜索活动与场馆信息。
- Todoist：支持读写 Todoist 任务列表。
- Typesense：为大模型提供基于 Typesense 的快速搜索能力。
- TravelPlanner：规划行程并使用 Google Maps 计算路线。
- UnityCatalog：读写 Unity Catalog Functions 并将其调用为 MCP 工具。
- Unity3dEngine：在 Unity3D 编辑器中执行函数并收集资源。
- UnityAdvanced：执行任意 Unity 编辑器代码并获取日志。
- VegaLiteServer：根据数据生成 Vega-Lite 可视化界面。
- VideoEditor：使用 Video Jungle 创建与编辑视频。
- 虚拟位置：整合 Google Maps、Street View、PixAI 等生成虚拟漫游效果。
- VolcEngineTOS：灵活获取 VolcEngine TOS 对象。
- WanakuRouter：基于 SSE 的高扩展 MCP 路由器。

- Webflow：调用 Webflow API 管理站点。
- WhaleTracker：跟踪加密货币鲸鱼的交易动态。
- WhoisServer：查询域名、IP 或 ASN 的 Whois 信息。
- Wikidata：通过标识符与 SPARQL 访问 Wikidata 知识库。
- WildFly：查询 WildFly 服务器的指标数据与日志信息。
- WindowsCLI：在 Windows 操作系统中安全地执行 PowerShell、CMD 或 Git Bash 命令。
- 世界银行数据 API：检索世界银行的经济指标数据。
- TwitterEnesCinr：发布推文并搜索 Twitter 上的内容。
- TwitterVidhupv：在 Claude 聊天环境中创建并管理 Twitter 帖子。
- XcodeBuild：构建 iOS Xcode 项目并反馈项目中的错误信息。
- XeroServer：安全地访问 Xero 会计系统。
- XiYan：用自然语言查询数据库，由 XiyanSQL 将自然语言转换为 SQL 语句。
- XMind：搜索与读取 XMind 思维导图文件。
- YouTube：支持 YouTube 视频管理、Shorts 创作与分析。